U0321743

软件体系结构
的方法及实现技术探究

刘兴明　王翠娥　著

中国水利水电出版社
www.waterpub.com.cn

内 容 提 要

本书主要介绍软件体系结构的理论基础、研究内容、当前现状,通过本书读者可以了解软件体系结构的基本概念、风格、描述方法、设计方法、评估方法与集成开发环境,以及特定领域的软件体系结构和主流软件体系结构等相关内容。本书可作为软件开发人员的参考用书。

图书在版编目(CIP)数据

软件体系结构的方法及实现技术探究/刘兴明,王翠娥著.--北京:中国水利水电出版社,2015.6(2022.9重印)
ISBN 978-7-5170-3308-0

Ⅰ.①软…　Ⅱ.①刘… ②王…　Ⅲ.①软件—系统结构—研究　Ⅳ.①TP311.5

中国版本图书馆 CIP 数据核字(2015)第 140844 号

策划编辑:杨庆川　责任编辑:陈 洁　封面设计:马静静

书　　名	软件体系结构的方法及实现技术探究
作　　者	刘兴明　王翠娥　著
出版发行	中国水利水电出版社
	(北京市海淀区玉渊潭南路 1 号 D 座 100038)
	网址:www.waterpub.com.cn
	E-mail:mchannel@263.net(万水)
	sales@mwr.gov.cn
	电话:(010)68545888(营销中心) 、82562819(万水)
经　　售	北京科水图书销售有限公司
	电话:(010)63202643、68545874
	全国各地新华书店和相关出版物销售网点
排　　版	北京厚诚则铭印刷科技有限公司
印　　刷	天津光之彩印刷有限公司
规　　格	170mm×240mm　16 开本　15.75 印张　282 千字
版　　次	2015年11月第1版　2022年9月第2次印刷
印　　数	2001-3001册
定　　价	48.00 元

前　言

软件体系结构伴随着软件开发方法论的发展逐步由最初模糊的概念发展为目前一个日趋成熟的技术。在计算机科学和软件工程学科中,软件体系结构研究已经成为了一个重要研究方向和独立学科分支,占据极为重要的地位。

软件体系结构是软件系统高层结构,它是一种框架,主要用于理解系统级目标。对于大规模的复杂软件系统而言,整个系统的结构和规格越来越重要。一个清晰的软件体系结构是首要的,高度抽象,超越了算法和数据结构。其主要着重点:一是系统结构,二是需求与实现之间的交互。软件体系结构研究的主要内容涉及软件体系结构描述、软件体系结构风格、软件体系结构评价和软件体系结构的形式化方法等。在工程实践中大型复杂软件,若没有设计出合适的软件体系结构,其后续工作将很难进行。不适当的软件体系结构,其所要承担的风险代价很大,严重的可能导致项目彻底失败。因此,熟悉和掌握软件体系结构的风格、设计、软件开发流程等可以增强对软件体系结构的整体认知、分析以及处理能力,并增强创新能力,为开发大型软件打下基础。

本书共9章,第1章是简介软件复用和构件技术;第2～4章分别是软件体系结构的综述、风格和描述,主要介绍了软件体系结构的相关基础概念;第5章阐述软件体系结构与软件质量二者之间的密切联系;第6章是特定领域的软件体系结构,主要从其领域工程、应用工程、生命周期、建立和开发过程等几个方面着重讲解;第7章是例举主流软件体系结构加以详解;第8章是软件体系结构评估方法,着重介绍了几种常见评估方法;最后一章(第9章)为软件体系结构集成开发环境的简介。

全书由刘兴明、王翠娥撰写,具体分工如下:

第1章、第2章、第4章、第8章、第9章:刘兴明(吕梁学院);

第3章、第5章～第7章:王翠娥(吕梁学院)。

本书在创作中参考、引用和整理了一些国内外的专著文献等资料,在此深表谢意。作者同时还要特别感谢所有参考文献中的各位作者,是他们的独到见解为本书提供了多层次理解角度。限于作者水平有限，时间仓促，书中肯定有不妥和错误之处，诚盼专家、读者不吝指教，以便修正。

作　者

2015 年 4 月

目　录

第1章 软件复用与构件技术

软件复用技术有利于软件生产效率的大幅提高,降低开发成本、周期以及重复性活动等,并且由于复用构件的质量保证又可大大提高软件质量,故,软件复用和构件技术越来越广泛地应用于软件开发中。

1.1 软件复用

1.1.1 软件复用概念

软件复用也称重用,是利用某些已开发的、对建立新软件系统有用的软件元素来生成新系统,主要是使软件开发工作进行得更快、更好、更省。具体就是指开发时间短,软件运行效率高,开发和维护成本低。通常可见软件复用划分为横向复用和纵向复用。前者一般是指复用不同应用领域中软件元素,如数据结构、排序算法、人-机界面构件的复用等,典型代表有标准函数库。后者一般是复用拥有较多共性的应用论域之间软件构件。这两种复用相对而言以纵向复用应用较为广泛。

程序代码是最开始的软件复用元素,开发人员利用子程序名和参数,反复调用程序代码,这便是最简单的软件复用形式。

近代软件复用技术飞速发展,其应用范围也越来越广,常见的如需求分析复用、设计文档复用、测试用例的复用等。

那些被重复利用的各种元素,被集合为一个个成品,业界将它称为"构件"。例如相关用户也可以买一些分析件和设计件,重新设计、编程,同时进行扩充、演化和维护。值得注意的是,复用这一概念既可以理解为对原有复用构件的利用也可以是适当修改后的构件利用。若只是在一个系统中多次使用同一个软件成分,一般称作共享而不是复用。适当修改某个软件,使其运行于新的软硬件平台,一般称为软件移植也不是复用。

软件复用也可以根据所复用的是软件生产过程自身还是软件生产过程各项活动的制成品,将其分为过程复用和产品复用两种类型。对比前述有关产业,前者相当于复用"自动化生产流水线"或流水线上某些环节的工序,后者相当于复用流水线上某些工序的制成品。即完整的过程复用利用可复用的软件构件,通过自动或半自动生成需要的软件系统,属于一种"生成式"

— 1 —

的复用。此外,还有软件工程中的检查技术、测试用例设计、特定分析建模法等都是可以被"复用",这是一种工作"模子式""复用"。还有"组装式"复用,即将软件构件组合、集成新系统。还有一种"生成式"复用,一般应用于特殊应用领域。就当前的发展趋势来看,复用软件工程中主要开发阶段的工作方法和软件制成品很有发展空间。因此,工作"模子式"复用和产品"组装式"复用是较现实和主流的复用形式。

软件是否具有复用性,通常主要取决于对可复用对象的抽象层次,而软件生产过程则是将抽象层次逐渐降低,逐步实现产品实现。不难发现,复用的层次越高它能带来的利益也越大。

1.1.2　软件复用分类

软件复用主要是为了大幅提高效率和降低成本的,其一般定义为:在两次或两次以上的软件开发过程中重复利用同一或相似软件元素的过程。广义软件复用则是指充分、反复利用适当构件,构建、扩充系统。

图 1-1 所示为软件复用的抽象程序的级别区分。

图 1-1　软件复用的级别

(1)代码复用

代码复用可分为目标和源代码复用,目标代码复用级别较低,但时间最长,源代码相对目标代码而言级别稍高。目标代码复用多数通过连接、绑定等方式实现。源代码的复用多数要依靠含有大量可复用构件的构件库来实现,构件在目标代码级上仍是独立可复用构件,可组建为各类应用系统。

(2)设计复用

设计复用受现实环境影响较小,抽象级别较源程序较高,通常情况下,被复用率高,修改少。这种复用常见实现:①利用现有系统设计结果提出需要的可复用构件,应用于将要构建的系统中;②利用现有设计文档在新的平台中重新实现,一般是一个设计应用到多个具体实践中;③特地制定计划开发可复用设计构件。

（3）分析复用

分析复用一般是指通过可复用的分析构件实现对某些问题的抽象，级别较设计复用更高些，其复用几率更大。通常可以通过①利用现有系统获得分析结果，复用于新系统；②将现有的完整分析文档，复用输入，输出在不同平台和实现条件下的相对设计；③专门设立开发可复用分析构件项目。

（4）测试信息复用

所谓测试信息复用主要是指测试用例和测试过程的复用。测试用例复用是指把现有测试用例输入到新测试中；测试过程复用是指将测试过程中的相关信息应用于新的软件测试或新一轮的软件测试中。对于测试信息的复用级别无法确切地和其他复用作对比界定，大概和程序代码复用级别相当。

综上所述，可知软件复用可减低劳动重复率，提高开发效率，在缩短开发周期的同时减低成本代价，并且能够保证软件质量和品质，还可以促进软件标准化，增加灵活性。

前面介绍过软件开发都是抽象级别减低的过程，级别较高的复用往往更有经济价值，因此，目前分析和设计结果较受人们的重视。

1.2　软件复用的具体实现

虽然软件复用具有较多益处，但是要成功的实现于实践中一般需要解决这几个方面的问题。

（1）工程问题

这里的工程问题主要涵盖技术和方法两方面，即，缺少确切的标识可复用要素的方法；可复用构件较少，可复用的构件不够灵活；执行复用过程的工具较少，无法较好面向复用支持环境。

（2）过程问题

由于传统软件开发在工程和技术上都很少可以复用，故，类似结构设计师、复用工程师等都未有明确定位，通常的复用实现都是依靠软件设计和开发人员。

（3）组织问题

由于复用本身要求的范围较大，而通常一个项目开发则只是专注于项目本身，因此一方面是管理层需要注意到复用的领域范围定位以便复用，另一方面则是项目成员只专注开发本身项目，这二者之间需要有一定的平衡调节。

（4）资金方面

复用需要资金支持，单个开发人员仅凭个人能力对大规模复用起不了多大作用，必须建立完善的机制，在此基础上为开发人员提供组织和资金支持。

复用依赖于软件体系结构,从小型的软件应用程序,到数十万行源代码的系统,再到多个系统协同的系统系列,软件复杂性不断增加,其对应的可复用构件系统也随之复杂,故使用软件体系结构来规划和管理这种复杂性是最好的解决方法。

要实现软件复用,一般要注意体系结构必须定义构件之间的标准接口,以便构件工程师开发的构件被不同的小组或在不同地点开发的应用系统使用。好的体系结构可以让构件系统下层设计和依赖构件系统的应用系统得到很好的理解。

此外,还要建立良好的复用概念,全面理解软件复用,对于常见的概念要明确。例如,常见的将复用局限在代码构件上,要知道编写代码通常只占整个开发成本的 $10\%\sim20\%$;有人认为复用要求变革的风险太大,殊不知变革对于近期来而言有"风险",但长期来看不变革则风险"更"大。

通常来说,创建复用构件的代价高于一般的软件(系统)开发,故只有在有足够的经济价值时才会考虑创建复用构件,并且是在相关软件工程专业人员明确了最基本、通用的功能和其基本,同时选择了合适的开发粒度。

一般从体系结构的模型和可复用构件入手,复用人员可重新组织这些可复用单元,来满足新的需求。若现有可复用单元无法满足所有新需求,则需要补充程序设计,来产生新的可复用构件。

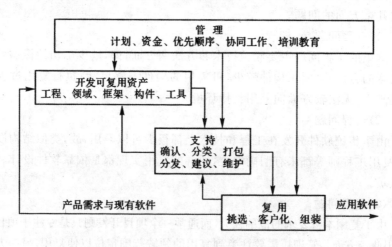

图 1-2 实现软件复用的一种过程组织方案

根据近年经验,复用界(包括复用的研究界和实践界)提出了一系列针对复用的过程模型。理想情况下,复用的实施过程应该跨越项目团队或组织的界限,在多个范围间进行,每个均强调并行的轨迹。如图 1-2 所示图中,系统软件复用通常包括开发可复用资产、管理、支持和复用四个并且过程,其中第一个过程主要工程人员是开发者和领域工程师。

软件的复用通常有两种实施方式:系统地采用复用技术(简称系统复用);渐进地采用复用技术(简称渐进复用)。

①系统复用。

即在软件企业的开发活动中全面地采用软件复用技术。要把一个软件企业从传统的开发方式转换到基于复用的软件开发方式上来并非易事,它要求对整个企业的业务、人员、过程、工具、技术、组织机构、体系结构进行调整和变革。显然这样一种实践途径所需承担的代价风险较大。

②渐进复用。

即在软件企业的开发活动中逐步渐增地采用复用技术。全面系统地采用软件复用技术具有较大的风险。从传统机制到复用机制的转换并非易事,一般需要较长的时间,因此以逐步过渡的方式较为稳妥。不断地总结经验教训,逐步地扩展复用的覆盖面,直至贯穿整个企业的所有开发活动。

1.3　构件技术的定义及技术规范

1.3.1　构件技术定义

构件作为软件单元具有语义完整、语法正确以及可复用等特点,它具有一定功能、可独立运行,可以和其他构件装配协调运行。且可将构件看作是组合和封装一组类,它具有一个或多个功能的特定服务,通过接口实现服务,整个构件隐藏了具体的实现,只用接口对外提供服务。

在软件复用过程中为可明确辨识成分;结构上为语义描述、通信接口和实现代码的复合体。

综上可知,一个完整构件包含:

①受约束的构件标准。符合某种构件模型。

②规格说明。主要是对构件所提供的服务的概述,有利于用户方和提供方的沟通。

③实现。在符合规格说明情况下,各自实现。

④包装。根据不同方式分组提供一套可替换的服务(包)。

⑤注册。在构件支持环境中都可注册。

⑥部署。构件可部署多个实例。

随着软件技术的快速发展,构件的含义必定会越来越丰富。

Mcllroy 在提交 NATO 软件工程会议的论文《Mass－Produced Software Components》中,首次出现"软件组装生产线"思想,随后构件与复用技术批量应用于软件生产中,并且逐渐成熟形成特殊复用技术——构件技术。

构件技术发展至今,典型代表是 IBM 的 CORBA/CCM,Sun 的 Java 平台和 Microsoft 的 COM+。

软件构件是将大而复杂的应用软件分解为一系列可先行实现,易于开发、理解、重用和调整的软件单元。由于构件技术具有减低成本代价,缩短开发周期等特点,故广泛应用于软件开发。然而只有当构件达到一定规模时,即形成构件库时,才能有效地支持构件在产品线上的重用。数量众多的构件需要一定累积和较高成本投入。

构件和复用技术二者完美融合,成为近年来的研究热门,其主要研究内容:

①构件获取。两个途径一是由原有系统提出,二是创建所需构件。

②构件模型。侧重研究构件本质特征及构件间的联系。

③构件描述模型。以构件模型为基础,主要是精确描述构件、理解并解决组装问题。

④构件分类与检索。研究构件分类策略,组织模式及检索策略,建立构件库系统,支持构件的有效管理。

⑤构件复合组装。在构件模型的基础上研究构件组装机制,包括源代码级的组装和基于构件对象互操作性的运行级组装。

⑥标准化。构件模型的标准化和构件库系统的标准化。

1.3.2　构件技术技术规范和规格说明

1.构件技术规范

软件构件技术规范主要是为了更好地构造系统,主要内容是:描述可复用软件构件及构件之间相互通信的标准。遵循规范的一般都具有较好的接口和移植性。依照软件构件技术规范开发而成的系统具有很好的质量保证。

目前被软件行业所广泛接受的 3 种构件技术规范是:Microsoft 的 COM/DCOM/COM+、Sun 的 EJB 以及 OMG 的 CCM。其中 Microsoft 的 COM/DCOM/COM+是建立在 Microsoft DNA 2000(Microsoft Distributed Internet Application 2000,DNA 2000)分布计算技术平台上;EJB 则是 Sun 推出基于 Java 的服务器端构件规范 J2EE(Java 2 Platform Enterprise Edition.J2EE)的一部分;而 OMG 的 CCM 是在继承和吸收 EJB 当前规范

的基础上,基于 CORBA 规范制定的服务器构件应用开发模型。[①]

(1)Microsoft 技术规范

COM、DCOM 和 COM＋是 Microsoft 在不同时期的软件构件模型和标准。DCOM 是 COM 适应于 Internet 分布式应用的扩展。而 COM＋是在 COM 基础上结合 Microsoft 事务服务器(Microsoft Transaction Server,MTS)和 Microsoft 消息队列服务器(Microsoft Message Queue Server,MSMQ)而形成的。

①COM。COM 是 Microsoft 提出的组件标准,是一种以组件为发布单元的对象模型,通过统一方式交互,不仅规定了组件程序之间交互的标准,也提供了组件程序运行所需的环境。

COM 标准涵盖规范和实现,规范主要定义了组件和组件之间通信的机制,规范不依赖于任何特定的语言和操作系统,遵循规范,任何语言都可使用。实现是 COM 库,COM 库为 COM 规范的具体实现提供了一些核心服务。COM 库一般不在应用程序层实现,而在操作系统层次上实现,因此一个操作系统只有一个 COM 库实现。此外,COM 库的实现必须依赖于具体平台,尤其是系统底层的一些标准。

在 COM 模型中,用户通过接口获得服务,且每一个接口都由一个 128 位的全局唯一标识符(Global Unique Identifier,GUID)来标识,用户通过 GUID 获得接口的指针,再通过接口指针,便可调用其相应的成员函数。COM 对象也用一个 128 位的 GUID 来标识,称为 CLSID(类 ID 或类标识符),采用 CLSID 标识对象可以保证在全球范围内的唯一性。

COM 有以下特性:

·面向对象特性。
·可重用性。
·语言无关性。
·进程透明性。
·客户与服务器特性。

②DCOM。DCOM 为 COM 的扩展,可支持不同计算机上组件对象与客户程序之间或者组件对象之间的相互通信。对于客户程序而言,组件程序的位置透明化,可以说 DCOM 是 COM 的无缝扩展。DCOM 作为 COM 的扩展,它不仅继承了 COM 的语言无关性、可重用性、软件可配置性好等优点,此外还对分布式环境予以支持,并且有跨平台调用等新特点。

③COM＋。COM＋是 COM 的新发展或更高层次上的应用。COM＋

[①]　梁洁辉.Web 构件库管理系统的设计与实现[D].南京理工大学,2004

是 COM/DCOM 和 MTS 的集成,不仅继承了 COM、MTS 和 DCOM 的许多特性,还增加了一些服务,如负载平衡、内存数据库、事件模型、队列服务等。COM＋新增的服务应用提供了很强的功能,建立在 COM＋基础上的应用程序可直接利用这些服务而获得良好的企业应用特性。COM＋有以下特点。

· 灵活性:动态负载平衡以及驻留内存数据库、对象池等系统服务为 COM＋的灵活性提供了技术基础。

· 易于开发:COM＋开发模型相较于 COM 构件开发更为便捷。

· 真正的异步通信:COM＋底层提供了队列构件服务,用户和构件可异步通信。

· 事件服务:简化事件模型,避免 COM 可连接对象机制的琐碎细节,事件源和事件接收方实现事件功能更为灵活。

· 可管理和可部署性:COM＋的申述式编程模型和构件管理环境支持应用系统在开发完成后的管理和部署。

(2)SUN 技术规范

1996 年 10 月,为了让第三方可以生成和销售其他人员开发的 Java 构件,Sun 公司定义了一种 Java 的软件构件模型——JavaBean。JavaBean 是一种"能在开发工具中被可视化操作的、可重用的软件构件"。Bean 可以被放置在"容器"中,提供具体的操作性能。JavaBean 构件模型以 Java 类为基础,并规定程序员须遵循的使 JavaBean 可重用及用可视工具管理的规则。Bean 既能在容器中运行,也能在工具程序、应用、Applets 和 HTML 页中运行。

EJB 简化了用 Java 语言编写的企业应用系统的开发和配置。它是一种基于构件的开发模型,是 Java 服务器端服务框架的规范。EJB 详细定义了一个可方便地部署 Java 构件的服务框架模型,用于创建可伸缩、多层次、跨平台、分布式的应用,并可创建具有动态扩展性的服务器端的应用。其特点如下:

· EJB 以构件的形式组织服务器:EJB 构件是直接用 Java 语言编写的服务端构件,Java 语言编写的跨平台特性使得 EJB 构件可以方便地移植到各种操作系统平台和 EJB 服务器上。

· EJB 构件实现仅需考虑应用需求,EJB 服务器会自动管理其他系统级服务。

EJB 的体系结构具有面向对象、分布式、跨平台、可扩充性、安全性以及便于开发等优点,并且以协议为中心,任何协议都可被利用。

(3)OMG 技术规范

CORBA 是公共对象请求代理体系规范,其底层和核心部分是对象请求代理。其本质是 RPC(Remote Procedure Call)与面向对象技术的有机综合。在 CORBA 中,每一个构件是一个对象,有一个基于面向对象的接口,内部代码实现可是 OO(Object Oriented)或非 OO 的语言,总线上的对象能被任何其他对象所使用。

CORBA 是基于对象管理体系结构(Object Management Architecture,OMA)的,OMA 为构建分布式应用定义了非常广泛的服务,如图 1-3 所示OMA 服务可分为 3 层:对象服务、应用对象和公共设施。

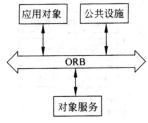

图 1-3 对象管理体系结构

CORBA 规范为一种开放的、分布式对象计算结构,可为异构计算环境的互操作提供了标准,不管怎么样的环境都可实现应用程序的相互通信。

CORBA 特点如下:

· 分布计算技术和面向对象编程技术(Object Oriented Programming,OOP)相融合。通过 OOP 的继承性,实现软件源代码的复用。

· "代理"的概念。代理主要是自动发现和寻找服务器;自动设定路由,最终实现客户方提出的抽象服务请求的映射。

· 客户端程序与服务器端程序的相互独立。由于代理,用户只和代理交互,因此在调用方式不变的前提下,服务器端和客户端都可各自独立运行、修改或升级。

· 提供"软件总线"的功能。软件总线是 CORBA 定义的一组独立于语言和环境的接口规范,依据该规范可很好地集成系统,且该规范具有实现语言无关性。

· 设计原则和设计方式的层次化。CORBA 规范只定义了 ORB 中用到的最基本对象、属性和方法,面向应用的对象可在 OMA 的应用对象、领域对象或开发环境中逐层定义和实现。

CORBA 主要用于创建中间层和服务器,不适于创建客户端应用程序。在 CORBA 3.0 中 CCM 的大致结构如图 1-4 所示,CORBA 构件模型主要是服务于开发和配置分布式应用的服务器端的构件模型,其主要内容:

· 抽象构件模型,主要是描述服务器端构件结构及构件间互操作。

· 构件容器结构,主要提供通用构件运行和管理的环境,有助于系统服务的集成。

·构件的配置和打包规范，CCM 使用打包技术来管理构件的二进制、多语言版本的可执行代码和配置信息，并制定了构件包的具体内容和基于 XML 的文档内容标准。

CCM 对于软件复用做了很多推行，且大幅提高了基于 CORBA 的应用动态配置的灵活性。

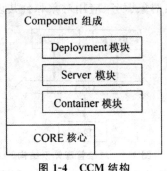

图 1-4 CCM 结构

2. 软件构件的规格说明

在保持简单和直观的前提下，如何描述构件才能保证其含义的精确性，让构件的使用和开发者可以充分理解构件并加以利用，对于这一点人们常利用图文并茂的形式加以详细说明，这便是软件构件规格说明，它具体的内容如下。

①构件名称和简要概述。

②构件服务。一个服务是一个功能或过程，可以通过指定服务名称并提供输入参数来调用；一个构件提供多个服务，应为每个服务提供规格说明，包括服务类型、先决条件、输入和输出参数、出错处理，以及服务的目的，等等。

③构件接口信息：包括接口的名称、包含的服务。在多个接口的情况下，每个接口都需要命名，并简单地列出接口中包含的服务。

④所需的接口，即实现构件需要用到的一些接口。

⑤发布和接收的事件：包括自己发布的和其他构件发布的事件。

⑥构件特征：包括构件执行环境要求的信息等。

⑦附加信息。例如，质量保证状况、测试软件包、运行环境等。

1.4 软件构件接口

所谓构件接口是指划分具有共同目标的服务,用户程序利用接口的服务,不同构件模型接口是不同的。例如,EJB 的 Session Bean 除了 home 接口外,只有一个接口;而 COM 和 CCM 构件则可提供多个接口。

通常可将构件接口分为两类,即构件供外部使用的接口和构件使用的外部接口,也就是功能规约(Function Specification)和接入点(Entry Point)。它们同时也称为"提供"和"请求"接口。"提供"接口是构件向其他构件提供的服务或功能实现,"请求"接口则是构件为了实现本身的功能需要的服务。

接口作为构件与外部交流的唯一方式,它具有极其重要的地位,它描述了客户端和构件的交互,同时隐藏底层的实现细节。

通常人们需要将领域模型中的对象及其协作关系与那些已经定义好的接口规格说明相对照获得有价值的接口,当接口用于领域模型中时,接口之间的交互协议必须在领域模型中更为精确地表示出来。好的接口设计有利于构件生产的竞争发展。

综上可知灵活易用的接口对于构件和构件复用具有很大影响,一般的定义构件接口的基本原则如下:

(1)不变接口

不变的接口主要是为了在定义或修改某些接口时,这部分的仍可继续工作。

(2)自描述接口

这类接口一般采用 XML,用户可根据需求自行选择。

(3)元数据性质接口

主要是把描述接口的元数据存于数据库中以便查询。

(4)可定制构件

可定制构件需要用到委托、参数化/扩展点以及继承和模板等相关技术。

1.5 软件构件的模型

1.5.1 软件构件模型概念

构件技术的兴起随之飞速发展还有构建模型,目前可大略将构件模型分为参考型、描述型和实现型，这里重点介绍实现型，其主要 3 大流派，分别是对象管理集团（Object Management Group，OMG）的通用对象请求代理结构（Common Object Request Broker Architecture，CORBA）、Sun 的 EJB（Enterprise Java Bean）和 Microsoft 的分布式构件对象模型（Distributed Component Object Model，DCOM）。

图 1-5 所示为构件具有操作接口定义的抽象数据类型描述。

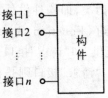

图 1-5　构件及其接口

构件模型通常包括构件定义、依据和怎样相互利用，构件模型可通过其实现的具体模式推测出其服务。

构建之间通常会有一个统一的接口理解，例如，可遵循同一方式建立接口，也可根据标准建立接口，具体可见图 1-6 所示。

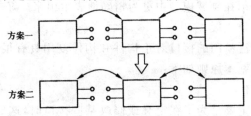

图 1-6　构件接口的两种不同交互方式

将方案一与方案二做个比较，可知利用标准方式来定义构件接口可以提高构件的互操作性。

有时由于系统的复杂性需要用到很多构件，这事构件之间的通信尤为重要，通常人们为了降低系统复杂性会引入中间件，具体可见图 1-7 所示。

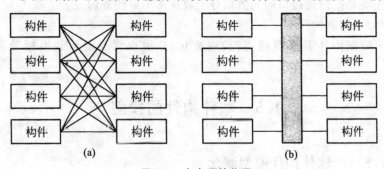

图 1-7　中介层的作用

（a）没有中介屋；（b）有中介层

国内有关构件模型研究典型代表为北京大学的"青鸟软件构件模型（JBCOM）"。图 1-8 为内外接口示意。

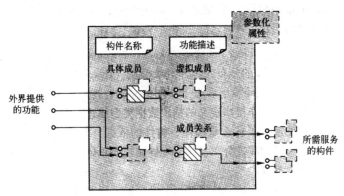

图 1-8　青鸟软件构件模型

构件外部接口主要说明构件所提供的那些服务,会向用户提供构件名称、功能描述、对外功能接口,所需服务的构件和参数化属性等。

构件内部结构:内部成员以及内部成员之间的关系。其中,内部成员包括具体成员与虚拟成员,而成员关系包括成员之间的互联,以及内部成员与外部接口之间的互联。

1.5.2　软件构件模型的描述

一个构件可以这样描述:

构件::=<构件规约,构件实现>

构件规约::=<接口部分,结构部分>

接口部分::=<对外提供的功能集合,对外请求的功能集合,服务集合>

服务::=<对外提供的功能集合,对外请求的功能集合>

结构部分::=<原子构件结构>|<复合构件结构>

原子构件结构::=<构件实现的引用>

复合构件结构::=<引用的构件类型,实例声明,实例连接,映射>

构件主要由构件规约和构件实现构成,二者相互独立。构件规约包括接口部分和结构部分,接口包括对外提供的功能、对外请求的功能和服务。服务为对外提供功能和对外请求功能的集合。原子构件结构简单,定义了对构件实现的引用。复合构件的结构部分定义了成员构件之间的连接关系。[1]

如图 1-9 所示编译器复合构件 Compiler，包括语法分析器 Parser，语义分析器 Semanticizer 和代码生成器 CodeGenerator。Compiler 3 个成员构件，图中为它们的连接关系。

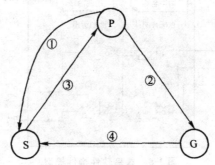

图 1-9　编译器复合构件实例

```
component Parser is        //语法
    provides：
        function Initialize()；
        function FileName()return String；
    requires：
        function Semantize(Tree)；
        function Generate(Tree)；
end component；
component Semanticizer is        //语义
    provides：
        function Semantize(Tree)；
        function Incremental-Semantize(Context：Tree；Addition：Tree)；
    requires：
        function FileName()return String；
end component；
component CodeGenerator is    //代码生成
    provides：
        function Generate(Tme)；
    requires：
        function Semantize(Context：Tree；Addition：Tree)；
```

① 　王映辉. 软件构件与体系结构[M]. 北京：机械工业出版社，2009

```
        end component；
        component Compiler is
            provides：
                function Initialize()；
    end component；
    component body Compiler is
        reference：
                Parser,Semantieizer,CodeGenerator；
        instance：
                Parser P；
                Semantize S；
                CodeGenerator G；
        Connection：
                P. Semantize to S. Semantize；
                P. Generate to S. Generate；
                S. FileName to P. FileName；
                G. Semantize to S. Incremental－Semantize；
        mapping：
                Initialize to P. Initialize
    end component；
```

当前有很多构件模型虽各有不同目标作用但其共同点是构件接口和实现是分离的,大大提高复用几率。

1.6 构件的管理与维护

构件库是对构件实施管理的机构,是构件的集合,通常会依据一定的标准,是软件开发系统集成的重要资源库,例如,Smalltalk-80 提供的类库、Visual C＋＋/Borland C＋＋相关版本提供的 API(类)库可以看做是构件库的一种雏形。我国在青鸟工程中开发的 MIS 构件库就是一个较成熟的属于构件库范畴的范例。

1.6.1 构件库组织

如图 1-10 所示,构件库的组织机理和软件生产之间的关系。通过 UD-DI、SOAP、XML 和 WSDL 等技术,在分布式环境下,使构件库能全面提供构件和构架的发布与服务,并为软件的生产和应用开发提供支持。

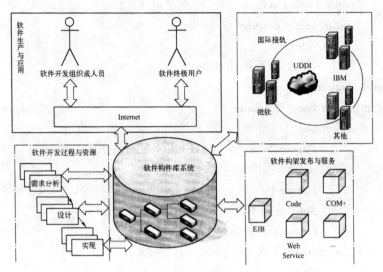

图 1-10　构件库的组织关系图

构件库通常会涉及一个或多个特定的应用领域(Domain),在领域问题上构件库必须具备以下 3 个条件。

①领域完整性(Domain Complete)。某一领域的构件库需要全面涵盖该领域的所有概念,并具有完全管理所有构件的权限。

②领域标准化(Domain Standard)。构件库必须按照领域标准设计。

③领域抽象性(Domain Abstract)。构件库要按照核心抽象概念组织,达到满足该领域中更为广泛的需要。

1.6.2　构件库分类

构件库的分类(Classification)就是把构件库中的条目项细化分类。主要为了"把相关的条目从一般到特殊排列成一个合理的队列,分类系统的最终目的是引导使用者能及时有效地获得所需的信息"。

一组条目项(Entry)集合而成一个编目,而一个构件库必须含一组编目,常见构件库编目基本要求如下。

·伸缩性(Flexible):编目需可变,要保持内容的时效性。

·完全性(Completeness):编目需完全,条目项无缺失

·可存取性(Accessible):所有条目项都需具备便捷可查取性。

·经济合理性:适当调节对构件、编目等的维护,保证利益性。

·详细性:最大限度详尽描述构件所有细节。

从构件表示角度可将构件分为人工智能法、超文本法和信息科学法;从

复杂度和检索效果角度可将构件分为基于文本的、基于词法描述子的,以及基于规约的编码和检索。

1. 构件的刻面分类

刻面分类法(Facet Classification Method)由一组描述构件本质特征的刻面组成,每个刻面从不同的角度对构件进行分类。简而言之,刻面由一组术语构成,术语之间具有一般或特殊的关系,从而形成术语空间。

由表示的角度来看,刻面是一棵有向树,根节点的值是该刻面的名称,根节点所有子树构成的森林称为术语空间,记为$\{T_i=<V_i,E_i>\}$,其中,$V_i=\{v|v$是一个节点,v的值是一个术语$\}$,$E_i=\{<v_1,v_2>|v_1,v_2\in V_i,v_1$和$v_2$代表的术语具有一般或特殊的关系$\}$,术语空间中任意两个术语都不相同,但术语之间可以建立同义关系。术语仅限在给定的刻面之中进行取值。

图 1-11 是一个简单的刻面。[①]

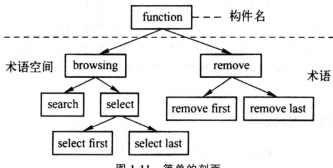

图 1-11　简单的刻面

刻面分类法具有以下两个优点:①对构件进行了多视角下的分类描述。②构件分类描述的术语空间易于修改和维护。由于刻面分类法具有良好的扩展性、灵活性和易理解性,在构件的表示上得到了普遍的研究与应用。刻面分类法主要缺点是需要人工建立,维护术语空间和构件索引。然而术语空间所表达的语义信息,能够准确地描述构件属性,有助于复用者理解构件所处的上下文。当构件数量增加到非常大、对构件进行刻面分类的绝对工作量超出人工所能处理的范围时,可以使用术语空间的管理工具,以便减轻构件库管理员的工作。

2. 关键字分类

关键字分类法(Keyword Classification)是根据领域分析的结果将应用

---

① 李千目.软件体系结构设计.北京:清华大学出版社,2008

领域的概念根据抽象到具体逐次分解为树状或有向无回路图结构,并用描述性关键字表述概念。图 1-12 所示是构件库的关键字分类结构。

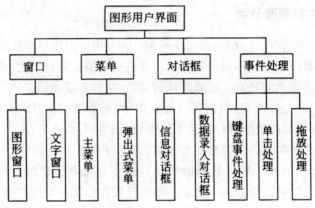

图 1-12　关键字分类结构示例

　　添加新构件时,相关管理人员需要进行综合分析,并对比已有关键字分类结构,合理放置新构件的关键字,有时需要灵活扩展结构以便更好地安置,但新关键字需要有相同的领域分析结果作为支持。例如,如果我们需要增加一个"图形文字混合窗口"构件,只需把该构件放到属主关键字"窗口"的下一级。

3. 超文本组织分类

　　超文本方法(Hypertext Classification)基于全文检索(Full Text Search)技术。每个构件都有详细的辅助文档以说明其功能或行为,这些文档以相互关联的形式存于其中,用户在查询时可随时随意跳转链接到感兴趣的地方,匹配关键字和文档中说明,进行浏览式检索。

　　图 1-13 所示即为非线性的网状信息组织形式,以结点为基本单位,结点间的链为联想式关联,这里的结点为信息块可根据具体需求定义,可以为构件名称也可以为声音图像。超文本组织方法较为直观便捷,且自由松散,因此这种分类在修改构件库结构方面较前两种方法更为简单。

　　若将软件系统看作是构件的集合,则可根据构件外部形态划分系统构件如下。

　　(1)独立而成熟构件

　　这类构件经历了许多次的实际运行环境的检验,一般会隐藏接口,用户使用感良好。

18

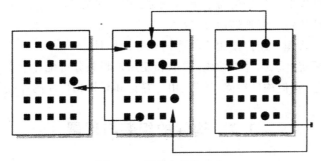

图 1-13　超文本结构示意

（2）限制构件

用户对这类构件的使用需要在一定的前提下进行，由于有一定前提，故一般需要反复测试以确保顺利集成，正常使用。

（3）适应性构件

这类构件经过了特殊的包装和处理，一般可直接利用，无需修改。

（4）装配构件

这类构件在使用时，通常需要其他的辅助代码进行连接配合，例如，连接于数据库系统。

（5）可修改构件

这类构件多用于应用系统开发中，主要进行版本替换，一般通过写接口或重新"包装"来实现。

1.6.3　构件库的管理与维护

由于构件库系统是一个开放的公共构件共享机制，通过网络任何人任何时候都可以访问，可见其安全性具有重大隐患，为此需要适当的管理和维护以保证其正常运行。

一般的构件库系统涵盖：注册用户、公共用户、构件提交者、一般系统管理员和超级系统管理员 5 类角色，每类角色具有不同的权限和职责，各个角色之间相互配合维护构件库的正常运行。

其中构件库管理系统通常须提供的操作如下。

①构件入库。登记入库构件信息，涵盖属性、源码、使用说明等。

②版本管理。记录构件的版本信息，包括历史版本的相关信息等。

③安全审计。根据不同的角色，其对应的使用和访问权限不同，为确保安全性，需严格执行相关规定同时记录用户行为。

④构件检索。根据用户需求，在构件库中从各个角度，例如功能、运行环境等方面进行检索匹配，找到适合的构件。

⑤构件提取。构件的需求申请、审批、提取和管理。

⑥构件注销。管理逾期、废弃构件。

⑦日志管理。用户使用构件库的业务操作日志。

⑧分析统计。构件被检索、提取和使用的相关分析统计报表。

⑨其他：类似构件删除、备份、用户登记和异构构件库的连接等。

1.7 构件的组装与部署

1.7.1 青鸟系统的构件组装

以青鸟系统的构件组装为例来说明构件组装的相关细节。

青鸟Ⅲ型系统思想源于构件—构架模式的软件工业化生产技术，其构件组装方法为"构件—构架"，按照软件生产线流程运行。具体可见图 1-14 所示。

图 1-14 中显示了软件产业合理分工后的工业化生产过程。即，构件生产者完成构件的生产、描述，构件管理者分类和管理构件库，构件复用者进行相关的软件开发，分别在应用体系结构生产车间、构件生产车间和基于构件、体系结构复用的应用组装车间完成所有运行。

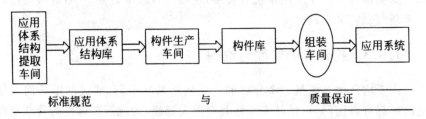

图 1-14 软件生产线

1.7.2 基于软件体系结构的构件组装

软件体系结构由构件、连接件和体系结构配置 3 部分组成。构件是软件系统的组成单元，是软件功能设计和实现的承载体。连接件是建立构件之间互连的构件。体系结构配置则是实现构件之间连接的标准或协议。因此，组装构件时应合理分配进行组装，且构件开发和组装人员都要根据体系结构配置进行开发和互连。图 1-15 所示为构件组装的总体结构。

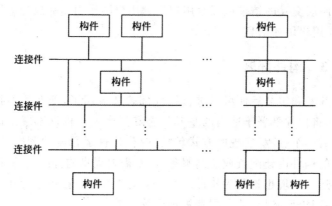

图 1-15　构件组装结构图

由图 1-15 可知构件与连接件相互组织的原则：

①系统中的构件和连接件都有一个顶部和底部。

②构件的顶部连接到连接件的底部,构件的底部连接到连接件的顶部,构件之间不允许直接连接。

③一个连接件可与任意个构件或其他连接件连接。

④两个连接件连接时,其中一个连接件底部须连接到另一连接件顶部。

目前 Web 应用是一种比较常用的软件形态,大多是基于 C/S 或 B/S 体系结构,具有明显的层次结构。故,实现 Web 构件的组装时,可将 Web 构件分层,根据构件所完成的功能和适用领域,安放至适当层次中,通过层与层之间的接口,完成构件的组装。图 1-16 所示即为基于分层体系结构的构件组装。

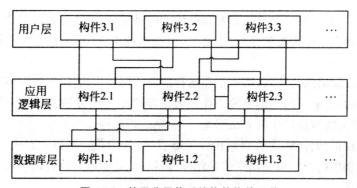

图 1-16　基于分层体系结构的构件组装

从图 1-16 可知,一层有多个构件组成,同层的构件可相互调用,不同层也可通过接口通信。各层所承担的作用也不同:数据库层构件作用是定义、访问、修改和检索数据;应用逻辑层构件作用是接受和处理用户层请求,并将和数据库层交互的结果返回给用户层。用户层作用是完成与应用逻辑层的交互，向用户传递信息。

1.7.3 构件部署

构件开发和组装后便可以进行构件部署和应用了，即在相关技术的辅助支持下，将构件部署于适当的基础设施和平台上。构件部署是面向构件开发的最后一个过程，实现的方式包括：提供构件运行时的配置数据、提供部署时用的构件内建配置或定制服务，以及需要提供构件组装的辅助环境。

构件运行环境也被称为构件运行平台，构件的部署和运行环境由 3 个层面组成：引擎服务层、业务层和管理层等。

引擎服务层是核心层，是基于底层服务层之上的，提供了各种构件的运行环境，包括数据引擎、展显引擎、业务引擎和流程引擎等。

业务层提供了一组默认的应用，主要是搭建一个应用必需的功能，诸如组织机构管理、权限管理、菜单管理、数据权限和业务框架等。

管理层提供了构件运行期间对引擎层、业务层的管理和监控，为运行环境提供一个完善的管理功能。诸如运行情况的监控和在线更新、日志查看、配置管理、错误异常管理和安全管理等。

构件配置（Component Deployment）是指通过配置工具，将已开发的构件包安装在一个或多个主机上，以产生构件应用服务。构件在部署中的配置称为构件的动态重配置，主要是指软件系统在运行时，构件发生变化，从而引起软件系统的结构和配置属性的变化。构件的动态重配置包括构件的添加、删除和替换。

在添加新的构件时，首先要读取构件的描述信息，接着确定构件接口之间的依赖关系能否被满足，若能满足，就在系统中注册该构件，完成构件的添加。

在删除旧的构件时，若有正在运行的方法调用该构件，则要在该方法执行完毕后，完成对构件的删除工作。若是新产生一个方法要对该构件进行调用，则先将该新产生的方法阻塞，接着删除该构件。

替换旧构件时，先检查新构件的兼容性，若能兼容则删除旧的构件，接着添加新的构件。值得注意的是此处替换一般是指同一构件的不同版本之间的替换。

构件定制是对开发的构件进行必要的修改，使其能应用于特定的环境或者与其他构件更好地合作，其前期条件是构件本身具有被定制的特性。构件定制大致包括：为特定的需求更改构件，为能在特定的平台下运行改变构件，为获得更好的性能和更高的质量更新构件等。

1.8 基于构件的软件配置管理

软件配置管理(Software Configuration Management,SCM)涵盖配置识别、变化控制、状态记录报告和审计,用以管理软件和各类中间件。软件配置管理时刻关注软件系统的配置状态,以便很好地维护软件。

1.8.1 基于基线的软件配置管理

构件在开发或修改中可能会有多个版本,这些版本承载着其开发或修改的过程,这些形成了一个构件家族的树形谱系结构。那么以构件作为版本控制的基本单位,就产生了基于基线的软件配置管理方法。该方法中,构件被定义为通过目录结构组织起来的一组密切相关的文件集合。

在软件配置管理中,配置是一组配置项的集合,其中每个配置项可能是一个构件,也可能是一个子配置项。配置表现形式可能是基于构件的软件开发中的组合构件,也可能是组装系统。

所谓基线操作就是指配置及其所有子配置中构件全都选定一个特定版本,即获得一个基线。图 1-17 显示了构件、配置和基线三者间的关系。

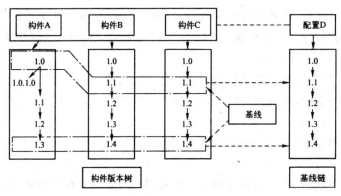

图 1-17 构件、配置和基线间的关系

1.8.2 构件软件版本管理

构件版本是构件组成文件版本的集合。构件版本的变化不仅体现了文件本身版本的变化,同时也反映了文件组成关系的变化。

(1)基本模式

构件软件版本管理采用"检出(Check Out)、修改、检入(Check In)"的基本操作模型,构件是基本单位。运行该方法时需先检出构件至工作区完成修改,然后检入构件至版本库,其中构件某一部分的增删或修改都视为构件修改。因此,此方法不仅会自动生成构件的一个新版本用来作为检入操作的结果,且可以记录和管理开发人员对构件修改的历史。

(2)版本树

在基本模式上,使用此方法时可对构件的某个版本进行分支,建立一个新的开发流以适应不同的开发需求。还可以合并构件的多个分支。由此,一个构件的所有版本构成了一棵版本树。构件版本树是系统对构件进行版本管理的基础。

版本管理系统管理和维护版本树,通常系统需具备版本名自动生成并管理的机制。其基本原则:①无冲突地表示整棵版本树;②有效区分版本名与分支名;③有利于体现构件的开发过程。

构件软件版本管理特点:①构件抽象级别比文件高;②构件的粒度可比文件大很多;③可体现出系统层次性、构造性等特征。

参考文献

[1]王映辉.软件构件与体系结构[M].北京:机械工业出版社,2009.

[2]张友生.软件体系结构原理[M].第 2 版.北京:清华大学出版社,2014.

[3]李千目.软件体系结构设计[M].北京:清华大学出版社,2008.

[4]李金刚,赵石磊,杜宁.软件体系结构理论及应用[M].北京:清华大学出版社,2013.

[5]梁洁辉.Web 构件库管理系统的设计与实现[D].南京理工大学,2004.

[6]王映辉.分布构件模型技术比较研究[J].计算机应用研究,2003.

[7]华涛.基于可复用构件的 WEB 应用研究与实践[D].西北大学,2006.

[8]邹博.基于刻面分类的软件构件检索的研究[D].哈尔滨工程大学,2006.

[9]夏苑.基于 ET－LOTOS 的嵌入软构件组装研究[D].西南大学,2006.

[10]韩林.基于挂件服务的软件体系结构模型研究[D].解放军信息工程大学,2008.

第2章 软件体系结构综述

20 世纪 90 年代,软件规模不断扩大和复杂度越来越大,为保证软件质量,人们开始研究软件体系结构。

2.1 软件体系结构产生背景

人类进入信息社会计算机应用越来越广泛,软件需求比重也越来越大,而软件规模的快速增长和复杂程度的逐年增加,导致软件成本逐年增加,开发和维护的代价越来越高,并且同时伴随其他问题,这些被计算机科学家称之为"软件危机"。

通常情况下,在没有工程化思想加以控制的情况下,危机一般产生于事物的起始阶段。20 世纪 60 年代初期,计算机开始在实际环境下使用。鉴于计算机的计算性能与存储性能都很低,软件一般只为了一个特定的应用而在指定的计算机上完成设计和编制,规模相对较小,很少使用系统化的开发方法,整个开发缺乏必要的管理过程,多为个人使用、设计与操作。60 年代中期计算机应用范围广,普及程度高,人们对软件的需求也在急剧增长。软件可靠性问题愈发突出,原有的设计方式不再满足要求,软件危机开始爆发。同时伴随软件开发费用和进度失控,费用超支、进度拖延等问题的出现,软件质量严重下降。

随着软件的社会拥有量越来越大,维护占用了大量的人力、物力和财力。20 世纪 80 年代以来,软件技术飞速发展但仍然远落后于硬件的发展速度,软件成本比例居高不下,且逐年上升。软件开发生产率提高的速度远远跟不上计算机应用迅速普及深入的需要,软件产品供不应求的状况使得人类不能充分利用现代计算机硬件所能提供的巨大潜力。

在这样的背景下,人们开始探索利用工程化软件开发,将人类的思维模式和处理问题转换为计算机语言,通过人类思维方式建立问题域模型,发展了面向数据、面向过程、面向对象、面向切面和面向服务等设计技术,不断在软件开发过程中引入模块化与重用的设计思路。通过在软件开发过程、方法、工具、管理等方面的应用,大大缓解了软件危机造成的被动局面。

随着科技的飞速发展软件体系结构也快速发展,并逐渐成熟。20 世纪 70 年代之前,高级语言未出现,此时的软件开发规模较小,不存在系统结构等问题。20 世纪 70 年代,出现结构化程序、模块化、封装等和软件结构有关的概念,70 年代中后期,结构化开发广泛应用,此时软件结构的概念逐渐明晰。20 世纪 80 年代初到 90 年代中期,面向对象技术盛行。20 世纪 90 年代,人们开始从设计、开发和维护几大方面关注软件体结构这一概念。1995 年和 1996 年相关专著的发表使得软件体系结构正式开始被人们重视并投入研究。

20 世纪 90 年代以后进入构件的软件开发阶段,这一阶段软件更加注重构件技术和体系结构技术,人们越来越注意到软件体系结构对于软件开发的重要性,更多的人开始研究软件体系结构,软件体系结构也发展成了一门独立的学科。

随后软件体系结构各个方面飞速发展,针对其的研究也逐渐增多,其相关的会议、期刊和书籍也越来越多,并且倒还得到了工业界的广泛关注与认同。例如,UML 2.X 标准中引入了软件体系结构领域中连接件以及复合构件的概念。2006 年还出版了 IEEE Software 软件体系结构专刊,总结了之前 10 年间的研究与实践。除了相关科学家、学者和机构的努力外,还有很多爱好者也积极参与软件体系结构的相关活动中。

从上面的叙述中可知基于体系结构的软件开发可分为如下阶段:

①无体系结构阶段。一般是利用汇编语言的规模较小的应用程序开发。

②萌芽阶段。主要为程序结构设计,以控制流图和数据流图构成软件结构为特征。

③初期阶段。出现了从不同角度描述系统的结构模型。

④高级阶段。主要内容是描述系统高层抽象,界定了传统软件结构和体系结构模型的界限。

此外,软件体系结构非常注重理论研究与工业实践,具体体现如下:

①制定工业标准。有 IEEE 和 SAE 专门制定的国际标准。

②开发实际产品。例如,CMU−SEI 有很多来自工业界的研究人员。软件企业公司中软件架构师也成为独立的,可与项目经理齐驱的技术领导。

③相关书籍和课程。众多国际工业组织开始关注软件体系结构并出版了相关书籍和课程。[①]

随着软件的变化,软件体系结构越来越趋于精化。图 2-1 所示为近年来软件体系结构的发展历程,包括 2001 年到 2012 年间的重要方法、语言、论文、数据和会议。

---

① 张友生.软件体系结构原理[M].第 2 版.北京:清华大学出版社,2014

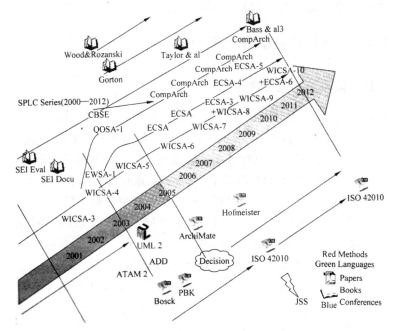

图 2-1　软件体系结构发展历程

软件体系结构主要是抽象描述软件系统的,连接需求与实践。软件体系结构的研究内容也从前期设计拓展到整个软件生命周期,参与研究的人员相互交流进一步促进软件开发,并合理融合构件、复用等技术。表 2-1 所示为整个软件生命周期中各阶段软件体系结构的侧重点。

表 2-1　软件生命周期中软件体系结构侧重点

需求	面向软件体系结构的需求工程,从需求到软件体系结构的转换
设计	软件体系结构的描述、设计方法,以及设计经验的记录和重用
实践	支持软件体系结构的开发过程,从设计模型到系统实现的转换;基于软件体系结构的测试
部署	基于软件体系结构的应用部署
开发后	动态软件体系结构,软件体系结构的恢复和重建

系统设计包括体系结构,体系结构具体是突出一部分细节,抽象略去一些细节。

2.2　软件体系结构

软件体系结构对于软件的复杂性、质量以及复用等方面有重要意义,目前大多数软件开发都涉及软件体系结构工程。

2.2.1 软件体系结构定义

1. 软件体系结构概念演化

1968 年 Edsger Dijkstra 指出需要更多地关心软件是的划分和构建。随后出现分解系统为若干模块元素,通过接口使用元素,通过结构控制、调节元素。Parnas 的研究为软件体系结构发展成为一门学科奠定了基础。

20 世纪 70 年代中后期,结构化开发方法的出现带来了概要设计和详细设计,出现了数据流设计和控制流设计,软件结构明确了概念

20 世纪 80 年代初期至 90 年代中期,面向对象方法兴起,数据流设计和控制流设计被统一为对象建模,出现了 UML 统一建模语言,通过功能模型、静态模型、动态模型、配置模型描述应用系统结构。

20 世纪 90 年代后期至 21 世纪初是以构件为核心的软件开发时期,构件技术和体系结构技术大力发展,这段时期里,两个研究小组 Shaw 和 Garlan、Perry 和 Wolf 做出了重大贡献。

2. 软件体系结构概念

软件体系结构的概念不同的学者有不同的理解角度,目前尚无统一定义,以下是其中几个定义。

(1)注重区分数据构件、处理构件和连接构件

Dewayne Perry 和 Alexander Wolf 认为,软件体系结构是具有一定形式的结构化元素,即构件的集合,包括数据构件、处理构件和连接构件。数据构件是被加工的信息;处理构件则负责对数据进行加工处理;连接构件用于把体系结构的各个部分连接起来。根据定义,体系结构可以表示为 SA = {Processing Elements, Data Elements, Connecting Elements}。这一定义注重区分数据构件、处理构件和连接构件。

(2)层次概念

Mary Shaw 和 David Garlan 认为,软件体系结构是软件设计过程中的一个层次,这一层次超越计算过程中的数据结构设计和算法设计。软件体系结构处理数据结构和算法上关于整体系统设计与描述方面的一些问题,根据定义,体系结构可以表示为 SA = {Component, Connection, Constrains}。其中,Component(构件)可以是一组代码,也可以是一个独立的程序;Connection(连接)表示构件之间的相互作用,可以是过程调用、管道或远程调用等;Constrains(约束)表示构件和连接器之间的关联。该模型

主要面向程序设计语言,构件是代码模块。

(3)不同角度定义

Kruchten 认为,软件体系结构有 4 个角度:概念角度描述系统的主要构件和它们之间的相互关系;模块角度包含功能分解与层次结构;代码角度描述了各种代码和库函数在开发环境中的组织形式;运行角度描述系统的动态结构。

(4)抽象的系统规约

Hayes Roth 认为,软件体系结构是一个抽象的系统规约,包括用其行为来描述的功能构件及构件之间的相互连接关系。

(5)指导方针

David Garlan 和 Dewne Perry 认为,软件体系结构是一个程序/系统各构件的结构、相互之间的关系及进行设计的原则和随时间演化的指导方针。

(6)各类集合

Barry Beohm 认为,一个软件体系结构包括一个软件和系统构件相互关系及相关约束的集合,一个系统描述说明集合,一个基本原理涵盖相关解释和需求说明。具体定义,可表示为 SA = {Components, Connections, Constraints, Stakeholders, Needs, Rational}。其中,Stakeholders 表示用户、设计人员和开发人员,Needs 表示需求,Rational 表示体系结构方案的选择准则。

(7)构件及外部可见特性

Ctements、Bass 和 Kazman 认为,软件体系结构包含一个或一组软件构件、软件构件外部的可见特性和相互关系。根据定义,体系结构可以表示为 SA = {Components, Visibility, Relationship}。其中,外部的可见特性 Visibility 是指软件构件所提供的特性、服务、性能、错误处理和共享资源使用等。

(8)系统本组织结构及指导

IEEE 610.12—1990 软件工程标准词汇中将软件系统结构定义为,以构件、构件之间的关系、构件与环境之间的关系为内容的某一系统的基本组织结构,并指导上述内容设计与演化的原则。

(9)给类问题的决定指导

面向对象领域的 Booeh、Rumbaugh 和 Jaeobson 认为,软件体系结构是关于下述问题的重要决定,包括系统整体结构的组织方式,构成系统的模型元素及其接口的选择以及由这些模型元素之间的协作所描述的系统行为;描述了结构元素和行为元素如何进一步组织成较大的子系统以及指导这种组织的结构风格来实现模型元素及其接口的协作与组合。软件体系结构是一组重要的决策,主要包括系统的组织和带有接口构件(Elements)的选择以及协作时构件的特定行为。根据定义,体系结构可以表示为 SA＝{Organization,Elements,Cooperation}。构件的接口用于组成系统,而具有结构和行为的构件又可以用来组成更大的子系统。软件体系结构不仅关注软件的结构和行为,也关注其功能、性能、弹性、使用关系、可重用性、可理解性和经济技术约束。

从以上定义可以看出软件体系结构研究和发展的历程,虽然这些定义并不完全相同,但是大多数要点是一致的,即软件体系结构主要包括构件、关系和结构。这些定义的区别在于对关注点的说明和对软件架构的表述。[①]

2.2.2　软件体系结构理论基础

软件体系结构理论基础涵盖抽象、封装、数据隐藏、模块化、分离点、耦合和内聚、充分性、完备性和简单性、策略和实现的分离、接口和实现的分离、分而治之、层次性。

1. 抽象

抽象存在多种形式,为日常处理复杂问题的基本原理之一,抽象在处理系统复杂性方面非常有力,例如,构件耦合度的减低、分离接口与实现等。

2. 封装

封装的概念始于面向对象程序设计,但不局限于此,它对于系统的抽象、结构和实现的分离有重要作用,可大幅提高软件的复用、可靠和维护性。

3. 信息隐藏

必要信息隐藏可很好地解决系统过于复杂和构件之间的高耦合等问题,是软件工程的最基本和最重要的原理之一。信息隐藏最常用的方法是封装和接口与实现分离。

4. 模块化

模块化常与封装联系紧密,它将系统合理分解,增加了应用设计的灵活和系统管理的复杂以及系统运行设计和调度的便捷。

---

① 李金刚,赵石磊,杜宁.软件体系结构理论及应用[M].北京:清华大学出版社,2013

5. 分离点

一个系统中需要分离出不同和无关联的责任部分，以配合不同构件，一个构件可在不同系统中发挥不同作用，则应该分离不同作用角色。针对某一角色，只开发与该角色相关的信息和服务，以减少应用设计过程的负担，同时确保组件运行的可靠与安全。

6. 耦合和内聚

耦合主要关注模块间特性，内聚则关注模块内特性。前者用以衡量一个模块和另一个模块联系的紧密性；后者用以衡量某个模块内功能与各元素间联系的紧密性。弱耦合构件可降低系统复杂度。

7. 充分性、完备性和简单性

Grady Booch 认为软件系统的每个构件都应该是充分、完备和简单性的。具体含义分别是指充分具备所有必要抽象的特性，完全把握所有与抽象相关的特性和便捷实现构件功能。

8. 策略与实现分离

软件系统的构件应该实现策略或处理问题，但不能同时处理两者。策略构件负责构建相关算法，处理信息语义的解释，把不相交计算组合成结果，对参数值进行选择等问题。实现构件负责全面规范算法的执行，执行中不需要对上下文相关信息进行决策。由于独立于特定的上下文环境，因此，实现构件容易重用和维护；而策略构件一般是与特定应用相关的，需要随着应用的变化而改变。

9. 接口与实现分离

接口和实现是构件的重要组成，前者定义了构件功能和相关说明方法，后者包括所有实现的代码程序。分离接口和实现是为了让用户透明获得需求，不受任何修改的影响，并且同时也有利于便捷修改。

10. 分而治之

分而治之的思想常被用来作为实现注意点分离的方法，但是更重要的还是简化了问题的复杂度。

11. 层次性

处理复杂问题常用方法:分而治之的横向分块和分层次处理的纵向分块。后者是一种把问题分解成建立在基础概念和思想上多层次的、从底向上逐步抽象的分析和表达的结构,每一层处理该层次的问题、服务于该层次的要求。[①]

2.2.3 软件体系结构内容

当前软件体系结构分为 4 个研究领域:

①通过提供一种新的体系结构描述语言(ADL)解决体系结构描述问题。这种语言的目标是给实践者提供设计体系结构更好的方法,以便设计人员相互交流,并可以使用支持体系结构描述语言的工具来分析案例(具体内容参见第 2 章)。

②体系结构领域知识的总结性研究。这一领域关心的是工程师通过软件实践,总结出各种体系结构原则和模式的分类和阐释。

③针对特定领域的框架的研究。这类研究产生了针对一类特殊软件的体系结构框架,例如,航空电子控制系统、移动机器人、用户界面。这类研究一旦成功,这样的框架便可以被毫不费力 实例化来生产这一领域新的产品。

④软件体系结构形式化支持的研究。随着新符号的产生,以及人们对体系结构设计实践理解的逐步深入,需要用一种严格的形式化方法刻画软件体系结构及其相关性质。

(1)体系结构风格

体系结构风格是描述特定系统组织方式的惯用范例,强调组织模式、惯用范例。组织模式即静态表述的样例;惯用范例则是反映众多系统共有的结构和语义。通常,体系结构风格独立于实际问题,强调软件系统中通用的组织结构,例如管道线、分层系统、客户机/服务器等。体系结构风格以这些组织结构定义了一类系统族。

(2)设计模式

设计模式是软件问题高效、成熟的设计模板,模板包含了固有问题的解决方案。设计模式可以看成规范的小粒度的结构成分,并且独立于编程语言、编程范例。设计模式的应用,对软件系统的基础结构没有什么影响,但

---

① 张友生.软件体系结构原理.第 2 版.北京:清华大学出版社,2014

可能会对子系统的组织结构起较大作用。每个模式,处理系统设计、实现中的一种特殊的重复出现的问题。例如,Bridge 模式,为解决抽象部分和实现部分独立变化的问题,提供了一种通用结构。因此,设计模式更强调直接复用的程序结构

(3)应用框架

应用框架是整个或部分系统的可重用设计,表现为一组抽象构件的集合以及构件实例间交互的方法。即一个框架是一个可复用的设计构件,规定了应用的体系结构,阐明了整个设计、协作构件之间的依赖关系、责任分配、控制流程,表现为一组抽象类以及其实例之间协作的方法,为构件复用提供了上下文关系。在很多情况下,框架通常以构件库的形式出现,但构件库只是框架的一个重要部分。框架的关键,还在于框架内对象间的交互模式、控制流模式。

设计模式是对在某种环境中反复出现的问题以及解决该问题的方案的描述,比框架更抽象。框架可以用代码表示,也能直接执行或复用,而对于模式而言,只有实例才能用代码表示;设计模式是比框架更小的元素,在一个框架中往往含有一个或多个设计模式,框架总是针对某一特定的应用领域,但同一模式却可适用于各种不同的应用。体系结构风格描述了软件系统的整体组织结构,独立于实际问题。设计模式和应用框架则更加面向具体问题。

体系结构风格、设计模式、应用框架的概念是从不同角度和目标出发讨论软件体系结构,它们之间的概念常互相借鉴和引用。

2.2.4　软件体系结构的作用与意义

软件体系结构是整个软件系统的骨架,在软件开发中起着非常重要的作用。

(1)体系结构是风险承担者相互交流的方式

软件体系结构为系统高层次抽象,系统相关人员多数会视其为基准,进行理解、交流。

客户、用户、项目管理人员、设计开发人员以及测试人员等这些系统风险承担者们会结合自身立场从各个角度关注软件体系结构给系统带来的各个方面的指导和影响。所有人员在一个具有统一性的体系结构的框架下商讨、交流、改进最终定案。

(2)体系结构是早期设计决策的体现

可以认为软件体系结构是系统最原始的设计决策,概括了整个系统的方方面面,对整个系统周期具有重大影响。

①软件体系结构明确了对系统实现的约束条件。所有系统实现在具体实施时必须以体系结构的设计为依据，按部就班地完成实现，所有软件构件的开发人员需要在体系结构的约束下开展实现工作。

②软件体系结构决定了开发和维护组织的组织结构。一个大型系统需要适当的系统任务划分，体系结构中包含对系统的最高层次的分解，故可作为任务划分结构的基础。根据任务划分，各开发小组完成相关任务后，进入维护阶段后，对应的维护活动亦可反映软件结构，不同的小组负责其对应的负责部分。

③软件体系结构制约着系统的质量属性。在大型软件系统中，质量属性更多地是由系统结构和功能划分来实现。值得注意的是软件体系结构并不能单独保证系统所要求的功能与质量。低品质的下游设计及实现都会破坏一个体系结构的构架。可以说好的软件体系结构是必要条件，但不是成功的充分条件。

④研究软件体系结构可能预测软件的质量。一些体系结构评估技术可使设计师全面地对按某软件体系结构开发出来的软件产品的质量及缺陷做出比较准确的预测。

⑤软件体系结构使推理和控制更改更简便。由于软件维护阶段所花费的成本占整个软件生命周期中的 $60\% \sim 80\%$。而整个软件生命周期内，每个体系结构都将更改划分为三类：局部的、非局部的和体系结构级的变更。局部变更是最经常发生、最容易修改。非局部变更修改难度略大，但并不改牵涉体系结构。体系结构级的变更是指会影响各部分的相互关系，甚至要改动整个系统。故，一个好的体系结构其修改应是便捷的。

⑥软件体系结构有助于循序渐进的原型设计。确定了体系结构，加以分析，比对按可执行模型来构造原型。这些可明确潜在的系统性能问题并得到一个可执行的系统，可以大大减低项目开发的潜在风险。

⑦软件体系结构可作为培训的基础。在向相关人员介绍软件项目时，可以系统的体系结构为基础，进行高层次抽象描述，方便相关人员迅速理解。

（3）软件体系结构是可传递和可重用的模型

软件体系结构体现了一个相对来说比较小亦可理解的模型。其复用性的价值非常大，对于系统的可靠性、效率有大幅提高。

2.3　软件体系结构核心模型

体系结构强调一种思想的抽象，它通过一些原则和方法等具体体现。

体系结构的另一种解释是指系统的基本组成元素及其相互关系的抽象。

软件体系结构也是体系结构概念在软件上的投影或具体应用,它是一系列关于软件系统组织的重大决策,是软件系统结构的结构,由软件元素、元素的外部可见属性及元素间的关系组成。软件模型是软件体系结构赖以建立的基础。

综合软件体系结构的概念,体系结构的核心模型由 5 种元素组成:构件、连接件、配置(configuration)、端口(port)和角色(role)。其中,构件、连接件和配置是最基本的元素。

①构件是具有某种功能的可重用的软件模板单元,表示了系统中主要的计算元素和数据存储。构件有两种:复合构件和原子构件,复合构件由其他复合构件和原子构件通过连接而成;原子构件是不可再分的构件,底层由实现该构件的类组成,这种构件的划分提供了体系结构的分层表示能力,有助于简化体系结构的设计。

②连接件表示了构件之间的交互,简单的连接件如管道(pipe)、过程调用(procedure call)、事件广播(event broadcast)等,更为复杂的交互如客户—服务器(client server)通信协议,数据库和应用之间的 SQL 连接等。

③配置表示了构件和连接件的拓扑逻辑和约束。构件作为一个封装的实体,只能通过其接口与外部环境交互,构件的接口由一组端口组成,每个端口表示了构件和外部环境的交互点。通过不同的端口类型,一个构件可以提供多重接口。

连接件作为建模软件体系结构的主要实体,同样也有接口,连接件的接口由一组角色组成,连接件的每一个角色定义了该连接件表示的交互的参与者,二元连接件有两个角色,例如,RPC(Remote Procedure Call,远程过程调用)的角色为 caller 和 callee,pipe 的角色是 reading 和 writing,消息传递连接件的角色是 sender 和 receiver。有的连接件有多于两个的角色,如事件广播有一个事件发布者角色和任意多个事件接收者角色。

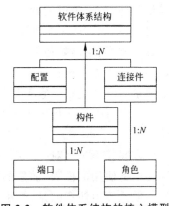

图 2-2　软件体系结构的核心模型

基于以上所述,可将软件体系结构的核心模型表示为如图 2-14 所示。

2.4 软件体系结构模式与模式系统

2.4.1 模式概述

所谓模式就是指解决相似问题的通用方式,大量地采用模式风格在许多工程中十分普遍。成功工程领域的一个重要特征之一,是对设计形式具有公共的理解和认可。

一个模式主要涵盖 4 个方面:语境、问题、解决方案和实现。

①语境:问题出现的背景。一个模式的语境相当于概括,也可结合特定的场景。但通常无法准确说明模式语境,一个更实际的方法是列出特殊模式关注的问题可能出现的所有已知场景。

人们对某一语境给定一个模式名称,一般用来描述一个设计问题、解法和后果,由一两个词组成。模式名称的产生使我们可以在更高的抽象层次上进行设计并交流设计思想,而跳过了为描述一个特殊问题用大量且复杂的描述语句的过程,它有助于设计问题及其解决方案的有效实施。

②问题:在语境中重复出现的问题。它以一个一般的问题规格说明开始,抓住其本质,即有待解决的具体问题是什么。这个问题一般用一个强制条件(Force)集来表示,即解决问题时应该考虑的各个方面。

一般而言,强制条件从多个角度讲解问题并有助于了解其细节,强制条件可以相互补充,但也可能相互矛盾,它是解决问题的关键。强制条件之间的平衡越好,对问题的解决方案就越有效。

③解决方案:给出如何解决再现的问题,或如何平衡与之相关的强制条件。这样的解决方案包括两个方面:一是每个模式规定了一个特定的结构,即一个元素的空间配置。它关注解决方案的静态方面,由构件及其相互关系组成。二是每个模式规定了运行期间的行为,它关注的是解决方案的动态方面。

解决方案并不是针对一个特殊问题提出的,一个模式就像一个可在许多不同环境下使用的模版,抽象的描述使我们可以把该模式用于解决许多不同的问题。值得注意的是:解决方案不必解决与问题相关的所有强制条件,可集中于特殊的强制条件,而对于剩下的强制条件进行部分解决或完全不解决,尤其是在强制条件相互矛盾时。

④实现:就是将以上的解决方案付诸实践。这时要对设计模式的结果评价和权衡,通过比较与其他设计方法的异同,得到应用设计模式的代价和优点。对软件设计来说,通常要考虑的是时间和空间的权衡,也会涉及编码

语言问题。例如,对于一个面向对象的设计而言,可复用性很重要,设计模式对系统灵活性、可扩充性和可移植性都会产生直接的影响。

2.4.2   模式与软件模式

模式是一种指导,在一个好的指导下可以完成预期的项目目标,软件模式有助于我们利用熟练软件工程师的集体经验来构建软件。他们捕捉软件开发中现存的、充分考验的经验,再用于促进好的设计实践。每个软件模式处理一个软件系统的分析、设计或实现中一种特殊的重复出现的问题。通过应用合适的软件模式可以构建具有特定属性的软件体系结构。

如图 2-3 所示软件模式有很多种,通常可从下面三个方面考察模式,最终会得到软件模式的三维正交分类。

①这个模式为什么样工作服务。

②这个模式是通用的,还是针对具体领域的。

③这个模式是应该推广的,还是应该避免的。

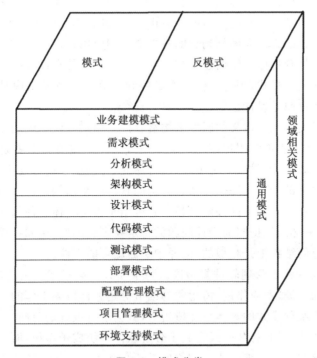

图 2-3   模式分类

例如,当要开发一个交互软件系统时,通常必须要考虑的因素:

①用户界面应该是易于改变的,在运行期间也是可能改变的。

②用户界面的修改不应该影响应用程序的核心代码。

基于上述前提,可将交互应用程序分为3个部分:处理模块、输入模块和输出模块。而且这3个模块在功能上是相对独立的,即处理模块不需随着输入/输出模块的变化而改动。通过对模式的简单讲解可知软件体系结构模式应具备以下特点:

①一个模式关注一个在特定设计环境中出现的重复设计问题,并为它提供一个解决方案。在上面的例子中,问题是支持用户界面的可变性。开发人机交互软件系统时,这个问题就有可能出现。

②各种模式是用文档记录下现存的,经过充分考验的设计经验。提炼并提供一种手段来复用从有经验的实践者那里获得的知识。模式使得这类知识更容易获得,任何人都可以使用这样的专家知识为一个特定任务来设计高质量的软件。

③模式明确地指出处于单个类和实例层次或构件层次上的抽象。一个模式通常描述几个构件、类或对象,来共同解决关注的问题,并详细说明它们的职责和关系,以及它们之间的合作。

④模式为设计原则提供一种公共的词汇和理解。仔细选择模式名称,有助于设计问题及其解决方案的有效讲解,促进它作为设计术语广泛传播,使熟悉该模式的人能立即想到它的基本要领和应用特性。

⑤模式是软件体系结构建立文档的一种手段。若在设计一个软件系统时采用了某一种模式,则它会校正在扩展和修改初始体系结构时或修改系统代码时违背原始设计思路。

⑥模式支持用已定义的属性来构造软件。模式提供一个功能行为的基本骨架,有助于实现应用程序的功能。模式的一个重要特点就是它描述了软件系统的非功能属性,如可更改性、可靠性、可测试性或可复用性。

⑦模式有助于建立一个复杂和异构的软件体系结构。每个模式提供构件、作用,以及相互关系的预定义集。它可用于指定具体软件结构的特定方面,但其实施必须根据当前设计问题的特定要求。因此,用同一模式构造的单元在宽泛的结构上是相似的,但详细层面却可能不同。

⑧模式有助于管理软件复杂度。每个模式都会描述其关注的问题,如所需构件的种类,对应作用、需隐藏的细节等是怎样协同工作的等。当一个问题可以用某种模式的具体设计覆盖时,就会节省设计的时间。

综上所述可知,有些模式有利于分解软件系统成子系统,而另一些模式支持子系统和构件的细化或它们之间关系的细化,还有一些模式有助于实现特定编程语言中的特殊设计方面。按照模式的抽象范围和规模,Frank Buschmann等将模式分为三种类型。

（1）惯用法（Idiom）

惯用法是一种低层模式，是具体针对一种编程语言的低层模式。它关注设计和实现方面，描述如何使用给定语言的特征来实现构件的特殊方面，或它们之间的关系。大多数惯用法是针对具体语言的，它们捕获现有的编程经验。

（2）设计模式（Design Pattern）

设计模式是中层模式，它提供一个用于细化软件系统的子系统或构件，或它们之间关系的图式。它描述通信构件的公共再现结构，通信构件可解决特定语境中的一个一般性的设计问题。

设计模式在规模上比体系结构模式小，但独立于特定的编程语言。设计模式的应用对软件系统的基础结构没有影响，但可能对子系统的体系结构有较大的影响。

（3）体系结构模式（Architecture Pattern）

体系结构模式是高层模式，它表示软件系统的基本结构化的组织模式。它提供一套预定义的子系统，规定它们的职责，并包含用于组织它们之间关系的规则和指南。

体系结构模式可作为具体软件体系结构的模板。它规定了一个应用系统范围的结构性，以及对子系统的体系结构施加的影响。所以体系结构模式的选择是开发一个软件系统时的基本策略。

2.4.3　体系结构模式

体系结构模式代表了模式系统中的最高等级模式，有助于明确一个应用的基本结构，体系结构模式可认为是具体软件体系结构的模板。它表示软件系统的基本结构化组织方式。提供了一套预定义的子系统，并制订子系统的职责和组织这些子系统之间的规则及指南。其中，模式针对软件体系结构的一个重要目标是：用已经定义的属性（功能和性能属性）进行特定软件体系结构的定义。

体系结构模式的概念：一个软件体系结构的模式描述了一个程序在特定设计语境中的特殊的再现设计问题，并为它的解决方案提供了一个经过充分验证的通用图式。解决方案图式通过描述其组成构件、它们的责任和相互关系，以及它们的协作方式来具体指定。

表 2-2 所示为软件体系结构风格/模式经典分类法的部分清单。

表 2-2　软件体系结构风格/模式经典分类

类别	名　称	例　子
调用返回系统	主程序—子程序 （Main Program and Subroutine）	Fortran 开发的系统
	面向对象（OO systems）	Java 开发的系统
	分层（Hierarchical Layer）	OSI 7 层网络协议
数据流系统	批处理（Batch Sequential）	某些老式 OS
	管道—过滤器（Pipes and Filters）	UNIX CC（compiler/linker 等串起来一步步加工）
独立组件	通信过程（Communicating Processes）	某些自控系统
	事件系统（Event systems）	MFC message 机制
虚拟机	解释器（Interpreters）	C++编译器
	基于规则的系统 （Rule—based Systems）	某些人工智能系统
以数据为 中心的系统 （仓库）	数据库（Database）	Oracle
	超文本系统（Hypertext System）	Web 系统
	黑板（Blackboards）	某些人工智能系统

　　Dwayne E. Perry 和 Alexander L. Wolf 从构件的角度给出了软件体系结构模式的定义：根据系统的结构组织定义了软件系统族，以及构成系统族的构件之间的关系。它们是通过构件应用的限制和构件的组织与设计规则来确定和表现的。它代表模式系统中的最高等级模式，它确定一个应用的基本结构，后期的每个开发活动都遵循这种结构。

　　总而言之，软件体系结构模式是模式系统中的最高等级模式，它描述了软件系统基本结构的组织方案，用在粗粒度设计的开始阶段。

　　如表 2-3 所示，Frank Buschmann 等将体系结构模式分为 4 类，即软件体系结构模式的现代分类法。

表 2-3　软件体系结构模式的现代分类

类别	名　称	特　点	例子
从混沌到结构	分层(Laver)	直观地分而治之层的重用依赖性局部化可替换性	通信协议栈 Java 虚拟机
	管道—过滤器 (Pipes and Filters)	重用性好便于重组新策略交互性差适用于复杂处理	编译器 UNIX SheH
	黑板(Blackboard)	算法与数据分离耦合度大适用于某些 AI 系统	人工智能系统
分布式系统	代理者(Broker)	屏蔽复杂性支持互操作适用于分布式系统	CORBA RMI
交互式系统	MVC (Model-view-controller)	灵活性广泛流行	Struts 程序
	PAC (Presentation-abstraction-control)	灵活性复杂	人工智能系统
适应性系统	微内核(Microkernel)	适应变化支持长生命周期复杂	Eclipse Jboss
	基于元模型 (Meta—level Architecture)	适应变化支持长生命周期不易实现	反射框架 Spring

（1）从混沌到结构

此类模式支持把整个系统任务以受控方式分解成可协作的子任务。这一类型包括分层模式、管道/过滤器模式，以及黑板模式。它们提供不同方式的高层次系统划分，目的是把系统分成多个相对独立的组成部分，从而使系统具有清晰的组织结构。

（2）分布式系统

分布式系统包含一种模式，即代理者模式，并涉及其他种类中的微核（Microkernel）模式、管道和过滤器模式。

（3）交互式系统

该分类包含两种模式，即因 Smalltalk 而闻名的模型—视图—控制器模式（MVC）和表示—抽象—控制模式（PAC）。这两种模式都支持具有人机交互特征的软件系统的构建。

（4）适应性系统

该分类包含反射（Reflection）模式和微核模式，它们都强有力地支持应用的扩展，以及它们对演化技术和变更功能需求的适应性。

Mary Show 和 David Garlan 通过一个公共的框架来区分不同体系结构风格采用的框架是将某个特定系统的体系结构看成计算构件集，即由构件加上描述构件间交互的连接件组成。他们把软件体系结构的风格分为5类。

（1）数据流系统

数据流系统体系结构的主要设计风格有批处理序列风格和管道/过滤器风格。

（2）调用和返回系统

数据流系统一般采用主程序和子程序、面向对象系统和多级分层风格进行设计。

（3）虚拟机

这类系统通常采用解释器模式和基于规则的系统设计模式来实现。

（4）数据中心系统

这类系统的设计模式包括数据库、超文本系统和黑板模式。

（5）独立构件

独立构件一般利用通信进程和事件系统的模式来设计。

绝大多数软件体系结构在使用中通常都不会仅依据单独一个体系结构模式来构建，会采用多个模式来构建。但是，一个特定的体系结构模式或几个模式的组合，并不是一个完整的软件体系结构，它是软件系统的一个结构化框架，但需进一步说明和定义。其中包括把应用功能集成到框架的任务，以及构件及其相互关系的细化，这些工作可能要在设计模式和惯用法的协助下完成。体系结构模式的选择仅是设计一个软件系统的体系结构的第一步。

2.4.4 常见体系结构模式

1.管道/过滤器

管道和过滤器风格最早出现在 UNIX 中。它适用于对有序数据进行一系列已经定义的独立计算的应用程序。在管道过滤器模式下，每个功能模块都有一组输入和输出。功能模块从输入集合读入数据流，并在输出集合产生输出数据流，即功能模块对输入数据流进行增量计算得到输出数据流。在管道过滤器模式下，功能模块称作过滤器（filter）；功能模块间的连接可以看作输入、输出数据流之间的通路,所以称作管道(pipe)。一个管道过滤器模式的示意图如图 2-4 所示。

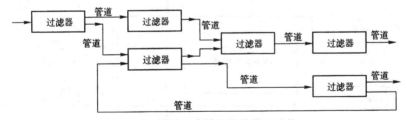

图 2-4　管道过滤器风格的体系结构

管道/过滤器风格的体系结构的优点如下:

①由于每个构件的行为不受其他构件的影响,故整个系统的行为易于理解。

②其中相对独立的过滤器为系统性能分析提供了便利,如吞吐量分析等。

③该风格支持并发执行。

④由于管道之间和过滤器之间的相对独立性,故该风格体系结构有很好的可维护性和可扩展性。

管道/过滤器风格的体系结构的缺点如下:

①由于该模式数据交换占用大量的空间,且数据传输占用系统的执行时间,故不适合大量共享数据的应用设计。

②过滤器是在输入/输出有相应限制的情况下,才可批量转换输入,故不适用于交互式的应用程序。

③按照此模式,经常会导致成批处理的结构。

④由于构件不能共享全局状态,故错误处理困难。

2. 仓库和黑板

仓库风格的体系结构由两个构件组成:一个中央数据结构,它表示当前状态;一个独立构件的集合,它对中央数据结构进行操作。对于系统中数据和状态的控制方法有两种:一个传统的方法是,由输入事务选择进行何种处理,并把执行结果作为当前状态存储到中央数据结构中,这时,仓库是一个传统的数据库体系结构;另一种方法是,由中央数据结构的当前状态决定进行何种处理。这时,仓库是一个黑板体系结构。即黑板体系结构是仓库体系结构的特殊化。

图 2-5 所示为黑板仓库模式示意图。

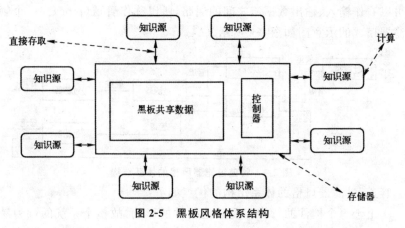

图 2-5 黑板风格体系结构

由图 2-5 可知一个标准的黑板型仓库模式系统一般包括：知识源、黑板数据结构和控制器。

①知识源，是仓库中信息的来源。它们彼此之间在逻辑上和物理上都是独立的，只与产生它们的应用程序有关。多个数据源之间通过中央数据单元协调进行交互，对外部而言是透明的。

②黑板数据结构，是求解问题的状态数据，它是按照层次结构组织的，这种层次结构依赖于应用程序的类型。知识源不断地对黑板数据进行修改，渐进地得出问题的求解过程。黑板数据结构起到了知识源之间的通信机制的作用。

③控制器：控制（即对知识源的调用）完全是由黑板的状态驱动和决定的。控制单元在基于仓库模式的系统中并不一定是独立的单元，它可以位于知识源和仓库中，或者作为一个独立部分单独存在，没有绝对的定式，需要设计者根据系统的实际情况做出选择。

黑板模式体系结构主要追求的是可能随时间变化的目标。其中的知识源代理关心不同的问题，需要不同的资源，但却相互协作维护和使用同一个数据结构。其优点：①便于多客户共享大量数据，并且这些数据对客户具有透明性。②该模式既便于添加新的作为知识源代理的应用程序，也便于扩展共享的黑板数据结构。缺点：①不同的知识源代理对于共享数据结构要达成一致，使得对黑板数据结构的修改难度较大。②该模式需要一定的同步/加锁机制保证数据结构的完整性和一致性，增加了系统复杂度。

3. 解释器

解释器风格也称虚拟机风格，通常被用于建立一种虚拟机以弥合程序的语义与作为计算引擎的硬件的间隙。由于解释器实际上创建了一个软件虚拟出来的机器。

如图 2-6 所示解释器风格的系统通常包括 1 个作为执行引擎的状态机和 3 个存储器:正在被解释的程序、执行引擎、被解释的程序的状态、执行引擎的当前状态。连接件包括过程调用和直接存储器访问。

解释器风格适用于这样的应用程序:应用程序并不能直接运行在最适合的机器上,或不能直接以最适合的语言执行。

解释器风格的优点:

①有助于应用程序的可移植性和程序设计语言的跨平台能力。

②可对未实现的硬件进行仿真。

解释器风格的缺点是额外的间接层次带来了系统性能的下降。

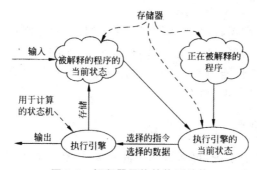

图 2-6 解释器风格的体系结构

4. 层次系统

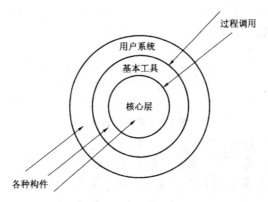

图 2-7 层次系统风格的体系结构

层次系统组织成一个层次结构,每一层为上层服务,并作为下层客户。在一些层次系统中,除了一些精心挑选的输出函数外,内部的层只对相邻的层可见。这样的系统中构件在一些层实现了虚拟机。连接件通过决定层间如何交互的协议来定义,拓扑约束包括对相邻层间交互的约束。该风格支持基于可增加抽象层的设计。允许将一个复杂的问题分解成一个增量步骤序列的实现。由于每一层最多只影响两层,并且相邻层通过相同接口即可允许每层通过不同方法实现,对于软件复用较为有利。图 2-7 所示为层次系统风格的体系结构示意图。

层次系统最广泛的应用是分层通信协议。在这一应用领域中,每一层提供一个抽象的功能,作为上层通信的基础。较低的层次定义低分层体系结构风格存在的问题:

①很难有一种合适、正确的层次抽象方法,其应用范围受到限制。

②由于是多层结构其调试困难,通常需要利用一系列的跨层次调用来实现。

③进行传输数据时,会因为要经过多个层次,而导致系统性能下降。

④对于系统的层次划分把握较难,即使一个系统的逻辑结构是层次化的,但出于对系统性能的考虑,有时还是会不得不把不同抽象程度的功能合并到一层,破坏其逻辑独立性。

5. 事件驱动

初步了解一个系统,可通过一个输入事件,然后观察其对应的输出,从而分析和综合出一个系统。所谓事件驱动,就是在目前的基础上根据事件的声明和发展状况驱动整个系统向前运转。事件驱动风格的基本观点是一个系统对外部的表现可以从它对事件的处理表征出来。过程不是被调用,而是由发生的事件来激活并被定义为与事件相关的过程的执行。概念上的事件驱动系统如图 2-8 所示。

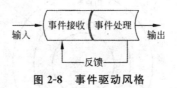

图 2-8　事件驱动风格

这种风格的特点:

①系统是由若干子系统或元素所组成的一个整体。

②在某一种消息机制的控制下,系统作为一个整体与环境相适应和协调。

③系统有一定的目标,各子系统在某一种消息机制的控制下,为了这个目标而协调行动。

④在一个系统的若干子系统中,必有一个子系统起着主导作用,而其他子系统则处于从属地位。

⑤任一系统和系统内的任一元素,都有一个事件收集机制和一个事件处理机制,通过这种机制与周围环境发生作用和联系。

2.5　软件体系结构结构的应用现状

目前关于软件体系结构的相关研究非常多领域研究非常活跃,业界许多著名企业的研究中心也将软件体系结构作为重要的研究内容。

归纳现有体系结构的研究活动,主要包括如下几个方面。

1. 软件体系结构描述语言

为提高软件工程师对软件系统的描述和理解能力,通常需要一些描述来辅助理解以完成设计工作,为了解决这个问题,用于描述和推理的形式化语言得以发展,这些语言就叫做体系结构描述语言(Architecture Description Language,ADL),ADL 寻求增加软件体系结构设计的可理解性和重用性。

ADL 就是提供一种规范化的体系结构描述,使得体系结构的可自动化分析。研究人员已经提出了若干适用于特定领域的 ADL,典型的有 C2、wright、Aesop、Unicon、Rapide、SADL、MetaH、Weaves 等。Shaw 和 Garlan 指出,一个好的 ADL 的框架应具备如下几个方面的特点,即组装性、抽象性、重用性、可配置性、异构性、可分析性等。

2. 体系结构描述构造与表示

依据一定的描述方法,通过体系结构描述语言对体系结构进行说明的结果则称为体系结构的表示,而将描述体系结构的过程称为体系结构构造。

Booch 从 UML 的角度给出了一种由设计视图、过程视图、实现视图和部署视图,再加上一个用例视图构成的体系结构描述模型。Medividovic 则总结了用 UML 描述体系结构的三种途径:不改变 UML 用法而直接对体系结构建模;利用 UML 支持的扩充机制扩展 UML 的元模型实现对体系结构建模概念的支持;对 UML 进行扩充,增加体系结构建模元素。我国电子科技大学的于卫等人研究了其中的第二种方案,其主要思路是提炼 5 个软件体系结构的核心部件,利用 UML 扩充机制中的一种,给出了相应的 OCL(ObjectConstraint Language,对象约束语言)约束规则的描述,并且给出了描述这些元素之间的关系的模型。

3.体系结构分析、设计与验证

体系结构是对系统的高层抽象,并只对需要的属性建模。并且由于体系结构产生于软件开发最初,故设计好的体系结构可减少和避免软件错误的产生和维护阶段的高成本。体系结构是系统集成的蓝本、系统验收的依据,体系结构本身需要分析与测试,以确定这样的体系结构是否满足需求。体系结构分析的内容可分为结构分析、功能分析和非功能分析。而在进行非功能分析时,可以采用定量分析方法与推断的分析方法。在非功能分析的途径上,则可以采用单个体系结构分析与体系结构比较的分析方法。

体系结构设计过程的本质是:将系统分解成相应的组成成分(如构件、连接件),并将这些成分重新组装成一个系统。具体说来,体系结构设计有两大类方法:过程驱动方法和问题列表驱动方法。前者包括:

①面向对象方法,与 OOA/OOD 相似,但更侧重接口与交互。

②"4+1"模型方法。

③基于场景的迭代方法。

应该说,基于过程驱动的体系结构设计方法适用范围广,易于裁减,具备动态特点,通用性与实践性强。而问题列表驱动法的基本思想是枚举设计空间,并考虑设计维的相关性,以此来选择体系结构的风格(style)。显然,该方法适用于特定领域,是静态的,并可以实现量化体系结构设计空间。

体系结构测试着重于仿真系统模型,解决体系结构层的主要问题。由于测试的抽象层次不同,体系结构测试策略可以分为单元/子系统/集成/验收测试等阶段的测试策略。在体系结构集成测试阶段,Debra 等人提出了一组针对体系结构的测试覆盖标准,Paola Inveradi 提出了一种基于 CHAM 的体系结构语义验证技术。

4.体系结构发现、演化与重用

由于系统需求、技术、环境、分布等因素的变化而最终导致软件体系结构的变动,称为软件体系结构演化。软件系统在运行时刻的体系结构变化称为体系结构的动态性,而将体系结构的静态修改称为体系结构扩展。体系结构扩展与体系结构动态性都是体系结构适应性和演化性的研究范畴。可以用多值代数或图重写理论来解释软件体系结构的演化。

体系结构重用属于设计重用,比代码重用更抽象。一般认为易于重用的标准包括:领域易于理解,变化相对较慢,内部有构件标准,与已存在的基础设施兼容,在大规模系统开发时体现规模效应。由于软件体系结构是系统的高层抽象,反映了系统的主要组成元素及其交互关系,因而较算法更稳定,更适合于重用。

5. 基于体系结构的软件开发

软件体系结构是对软件需求的一种抽象解决方案。在引入了体系结构的软件开发之后,应用系统的构造过程变为"问题定义→软件需求→软件体系结构→软件设计→软件实现",可见软件体系结构更有利于软件需求与软件设计的交互。

目前,基于构件和基于体系结构的软件开发已逐渐成为主流开发方法,并已经出现了基于构件的软件工程。但对体系结构的描述、表示、设计和分析以及验证等内容的研究还相对不足,随着需求复杂化及其演化,切实可行的体系结构设计规则与方法将更为重要。

6. 软件体系结构支持工具

几乎每种体系结构都有相应的支持工具,如 Unicon、Aesop 等体系结构支持环境,C2 的支持环境 ArchStudio,支持主动连接件的 Tracer 工具等。另外,支持体系结构分析的工具,如支持静态分析的工具、支持类型检查的工具、支持体系结构层次依赖分析的工具、支持体系结构动态特性仿真工具、体系结构性能仿真工具等。但与其他成熟的软件工程环境相比,体系结构设计的支持工具还不够成熟,无法实用。

7. 软件产品线体系结构

软件体系结构的开发是大型软件系统开发的关键环节。体系结构在软件产品线的开发中具有至关重要的作用,在这种开发生产中,基于同一个软件体系结构,可以创建具有不同功能的多个系统。在软件产品族之间共享体系结构和一组可重用的构件,可以降低开发和维护成本。

软件产品线是一个十分适合专业的软件开发组织的软件开发方法,可有效地提高软件生产率和质量、缩短开发时间、降低总开发成本。软件体系结构有利于形成完整的软件产品线。

8. 构造评价软件体系结构方法

软件体系结构的设计是整个软件开发过程中关键的一步。对于当今世界上庞大而复杂的系统来说,在没有合适体系结构的前提下,想要获得一个成功的软件设计几乎是无法完成的。不同类型的系统需要不同的体系结构,甚至一个系统的不同子系统也需要不同的体系结构。一个系统设计成功的关键点通常在于体系结构的选择。

但是,怎样才能判定所选择的体系结构是适合的呢?是否有一定标准可依循?这些都迫切需要构造评价软件体系结构专门的方法来进行评估。目前,常用的软件体系结构评估方法主要有:体系结构权衡分析方法和软件体系结构分析方法。

参考文献

[1]王映辉.软件构件与体系结构[M].北京:机械工业出版社,2009.

[2]张友生.软件体系结构原理[M].第2版.北京:清华大学出版社,2014.

[3]李千目.软件体系结构设计[M].北京:清华大学出版社,2008.

[4]李金刚,赵石磊,杜宁.软件体系结构理论及应用[M].北京:清华大学出版社,2013.

[5]宋江洪.遥感图像处理软件中的关键技术研究[D].中国科学院研究生院,2005.

[6]王小刚,黎扬,周宁.软件体系结构[M].北京:北京交通大学出版社,2014.

[7]李宝民.软件体系结构建模研究与应用[D].大连海事大学,2005.

[8]何然.软件体系结构的研究及其在MIS系统中的应用[D].大连理工大学,2003.

[9]赵晓宇.基于图书馆管理系统软件体系结构的设计与研究[D].天津大学,2006.

[10]高买花.卫星姿轨控系统软件体系结构设计的方案研究[D].中国科学院研究生院,2003.

[11]朱建浩.软件体系结构设计方法的研究与应用[D].武汉大学,2004.

[12]陈佳.电信企业信息化需求工程的研究与实践[D].电子科技大学,2006.

[13]赵蒙.软件体系结构在电力遥视系统开发中的应用[D].武汉大学,2004.

[14]陈佳.电信企业信息化需求工程的研究与实践[D].电子科技大学,2006.

[15]张友生.软件体系结构的概念[J].程序员,2002.

[16]张友生.基于代数理论的软件体系结构描述及软件演化方法研究[D].中南大学,2007.

[17]刘长林.面向方面软件体系结构设计方法与描述机制研究[D].苏州大学,2011.

第3章 软件体系结构的风格

本章主要对软件体系结构的风格进行了介绍。对经典软件体系结构风格与新型软件体系结构风格的特点进行了描述,并且给出了大量的例子来说明每种风格的应用。

3.1 软件体系风格的概述

3.1.1 软件体系风格概念

当人们谈到体系结构时,经常会使用"风格"一词。对于装饰行业而言,现代简约风格、欧式古典风格、中式风格和恬淡田园风格等。虽然装饰风格千变万化,各不相同,但它们的基本框架结构与原理都是相同的。软件开发也是一样的道理。虽然不同的系统软件,设计方案不同,但是这些设计方案的组织结构与语义特征有着很多相同的地方,把这些相同的部分抽取出来,就形成了具有代表性的、可被人们广泛接受的体系结构风格。

软件体系结构风格是人们在开发和使用某些软件过程中积累起来的组织规则和结构,也称软件体系结构习惯模式(idiomatic paradigm)。软件体系结构风格这个概念最早是由 MarShaw 和 David Oarlan 提出的。他们把软件体系结构风格定义为"能够用来具体描述软件系统控制结构和整体组织的一种体系结构,能够表示系统的框架结构,用于从较高的层次上来描述各部分之间的关系和接口"。如今,在现代软件开发过程中软件体系结构风格已经是必不可少的一部分。软件体系结构作为软件工程的一个新兴学科,出现的时间并不长,但它的重要性和意义却毋庸置疑。软件体系结构给软件应用人员带来了很多福音,开发出的软件的质量也得到了保证。软件体系结构的特征主要表现为以下几点。

①软件体系结构是一种抽象的概念,不考虑细节,主要反映拓扑属性。

②软件体系结构由构件和构件之间的联系组成,构件又有它自身的体系结构。

③构件的描述有计算功能、结构特性及其他特性 3 个方面。

图 3-1 所示为简单的软件体系结构架构图。由图可以看出,体系结构风格定义一个系统家族,即一个体系结构定义一个词汇表和一组约束。词

汇表中包含一些构件和连接件类型,而这组约束指出系统是如何将这些构件和连接件组合起来的。体系结构风格反映了领域中众多系统所共有的结构和语义特性,并指导如何将各个模块和子系统有效地组织成一个完整的系统[①]。按这种方式理解,软件体系结构风格定义广用于描述系统的术语表和一组指导构件系统的规则。

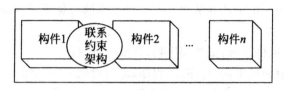

图 3-1　软件体系结构架构图

随着软件应用技术的不断发展和程序逻辑复杂程度的不断提高,软件体系结构的设计变得越来越重要,它是软件设计的基础。能否重用已经成型的体系结构方案是软件框架设计的关键。对于一个实际系统来说,首先要为它选择合适的体系结构风格,设计一个合理的软件框架,这样可以更加直观、清晰地分析用户的实际需求、方便系统的修改以及减小程序构造的风险。

软件体系结构风格给设计者带来了很多方便与好处,但不要滥用。合理正确地使用软件体系结构风格的好处有很多,主要可以表现为以下几点。

①使用软件体系结构风格,用户可以更好地理解系统的体系结构,便于系统设计工作的顺利进行。

②软件体系结构风格为大粒度的软件重用提供了可能。可以把设计者在开发和使用某些软件过程中积累起来的成熟的设计方案重新应用到新问题中,为新问题的解决提供思路。

③软件体系结构风格为大粒度的已有的实现代码重用提供了可能。

④有利于设计者之间的交流与理解。

⑤使用标准化的风格给有利于不同系统之间的相互操作性。

⑥在约束了设计空间的情况下,设计者可以迅速地对相关风格做出分析,节省时间,提高了工作效率。

⑦使用软件体系结构风格,设计师可以获得设计师想要的特定风格的图形与文本的描述工具。

3.1.2　软件体系风格分类

软件体系结构风格的本质是一些特定的元素按照特定的方式组成一个

---

①　覃征,邢剑宽,董金春.软件体系结构[M].北京:清华大学出版社,2008

有利于上下文环境中特定问题的解决结构。使用软件体系结构风格,有利于设计者理解软件的框架结构,节省设计时间,提高工作效率。软件体系结构风格分为经典软件体系结构的风格与新型软件体系结构的风格。

1. 经典软件体系结构的风格

Mary Shaw 和 Garlan 从两个方面对经典软件体系结构的风格进行了分类:数据和控制[①]。

①数据流风格系统:批处理序列;管道—过滤器。

②调用/返回风格:主程序/子程序;面向对象风格,层次系统。

③独立构件风格:进程通讯;事件驱动体系系统风格。

④虚拟机风格:解释器体系结构风格;基于规则的系统结构风格。

⑤仓库风格:数据库系统;超文本系统;黑板系统结构风格。

2. 新型软件体系结构的风格

Mary Shaw 和 Garlan 对软件体系结构风格作出的分类并不是包含所有的软件体系结构的风格。随着软件技术的迅猛发展,新型的软件体系结构风格不断出现。新型的软件体系结构风格分类如下。

①正交体系结构风格。

②富互联网应用体系结构风格。

③表述性状态转移体系结构风格。

④插件体系结构风格。

⑤面向服务体系结构风格。

⑥异构体系结构风格。

3.2 经典软件体系结构的风格

3.2.1 管道—过滤器

1. 管道/过滤器风格描述

数据流软件体系结构风格中最典型的就是管道/过滤器结构。过滤器与管道是构成管道/过滤器结构的两大元素。在管道/过滤器结构风格体系

---

① 李金刚.软件体系结构理论及应用[M].北京:清华大学出版社,2013

中,每个模块都有一组输入输出。数据流在每个模块的输入端进行输入,经过内部的一系列处理,在输出端输出结果数据流。这个过程通常通过对输入流的变换及增量的计算完成,所以在输入被完成消耗前,输出便产生了。每个部件从输入接口中读取数据,经过处理后将结果数据置于输出接口中,这样的部件称为过滤器。这种模型的连接者将一个过滤器的输出传送到另一个过滤器的输入,这种连接者称为管道。过滤器的基本结构如图 3-2 所示。

图 3-2　管道/过滤器中的基本单元——过滤器

管道/过滤器结构将数据流处理分为几个步骤进行,一个步骤的输出是下一个步骤的输入,每个处理步骤由一个过滤器来实现。数据类型的约束使得通常在输入和输出端有一个本地的数据类型转换器,数据在过滤器中经过计算处理然后通过管道传输给另一个过滤器,依次生成增量式的处理结果。在管道/过滤器结构中,过滤器必须是相互独立的实体,它们相互之间的状态不可共享。由于每一个过滤器并不能识别它的数据流上游和下游的过滤器的身份,需要在过滤器的输入和输出端的管道保证输入数据和输出数据类型衔接的正确性。此外,该结构还要求整个管道/过滤器网的最后处理结果的正确性与过滤器组进行的增量处理次序不能相关。管道/过滤器风格的体系结构图如图 3-3 所示。

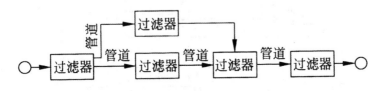

图 3-3　管道/过滤器体系风格

管道/过滤器体系结构风格的优点主要可以概括为以下几个方面。

①每个过滤器作为一个独立的个体,可以单独执行任务,也可以与其他过滤器一起执行任务。

②管道/过滤器系统容易实现系统升级与功能扩展。

③支持功能模块的大粒度重用。

④可以将整个系统的输入/输出行为理解为单个过滤器行为的叠加与组合,将问题简单化。

⑤支持特殊的分析,如吞吐量计算,死锁检测特性的分析等。

⑥软件的耦合性好,高内聚、低耦合。

但是,管道/过滤器结构也存在着若干不利因素,具体表现在以下几个方面。

①管道/过滤器结构风格在交互式系统中并不适用,这是由于过滤器对系统的输入输出数据存在着一些限制。计算所需的增量改变时,这个问题更加严重。

②常导致进程成为批处理的结构。

③因为在数据传输上没有通用的标准,每个过滤器都增加了解析和合成数据的工作,这样就导致了系统性能的下降,并增加了编写过滤器的复杂性。

2. 案例分析

管道/过滤器风格应用的例子有很多,如 UNIX shell 编写的程序、编译器等。图 3-4 也是一个简单的管道－过滤器实例。在这个例子中,整个系统可以分为两个过滤器:分割过滤器和合并、排序过滤器。字符串 Merge-AndSort 可以被分割过滤器简单地分成两个单词 Merge 和 Sort,然后合并、排序过滤器可以把 Merge 和 Sort 这两个被分解的单词按照某种规则组成一个新的字符串。新产生的字符串的字母经过排序后,然后输出。

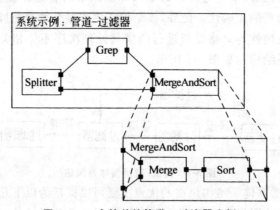

图 3-4 一个简单的管道－过滤器实例

管道/过滤器体系结构风格的设计者都没有考虑这个合并、排序过滤器是如何工作的;他们仅关心过滤器的接口,可以将过滤器看作是一个子过滤器。但是事实上,如果要实现这个合并、排序子系统,或者必须实现这个过滤器,那么就可能将它分为两个子过滤器:合并过滤器和排序过滤器。这个合并子过滤器可以按照某种规则合并字符串产生出新的字符串,而且排序子过滤器可以对新产生的字符串进行按字母排序。那么合并、排序过滤器就不是一个原子过滤器。也就是说,一个过滤器可以是原子的,也可以是复合的,甚至一个过滤器可以是任何类型的系统,只要这个系统符合管道—过滤器的要求。

3.2.2　面向对象体系结构风格

面向对象风格就是将数据抽象、抽象数据类型、类为一体。通过面向对象风格,可以较好地体现出软件工程的模块化、信息隐藏、抽象和重用原则。力求自然地刻画与解答现实世界的问题是面向对象设计的本质。也就是力求问题空间同软件体系空间结构相互统一、协调。面向对象设计会将系统中的所有资源视为对象,如数据、模块等。再由对象将被求解的问题以及各个要求抽象化;自身的数据结构定义和功能实现封装,继而完成了信息的隐藏与数据抽象的过程,实现了模块性,以此可以在不同的软件系统中作为最基本的构件单元。

类是由一组属性相同的操作对象构成的,方法是用来描述对象操作的程序,对象与对象之间由于有消息的传递产生联系,这是实现对象之间相互联系与作用的唯一方法。类具有的继承特性可以使其子类继承其父类的特征与能力,因此,这样的类的层次关系能够较为容易用来描述现实世界中的各种应用问题,即满足软件功能所期望的可重用性,因此,这是面向对象系统的主要特点之一。以面向对象的模式构建系统,应当先明确所想求解的问题中包含哪些实体,构建恰当的类用来代表这些不同的实体,根据实体之间的传递消息以及类的继承机制,相互协作实现对问题的求解。

在面向对象体系结构系统中,利用封装技术,可以将属性和方法包装在一起。因为用户可以根据自己的想法设计类和包。所以根据这种思想可以把现实世界中的概念看作对象直接对其进行模拟,这和数据库系统中的实体关系建模原理是一样的。在数据流系统中,其主要视角是过程而不是数据。在向对象或者数据抽象系统中,强调的则是数据。

可以用简单的示意图描述面向对象体系结构,图 3-5 为数据抽象和面向对象体系结构的示意图。

面向对象体系结构风格的优点主要可以概括为以下几个方面。

①容易实现系统升级与功能扩展。

②继承和封装方法为对象重用提供了技术支持。

③对象与对象之间的隐藏性好,相互之间不受影响。

④适合处理交互的应用,将数据存取操作的问题简单化。

⑤软件的耦合性好,高内聚、低耦合。

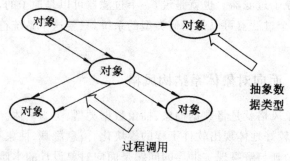

图 3-5 数据抽象和面向对象体系结构的示意图

面向对象体系结构风格存在着的问题,主要可以概括成以下两点。

①与管道/过滤器系统的风格不同的是,面向对象体系结构风格过程调用必须要知道对象的标识。调用过程中,如果其中的一个对象的标识发生改变,相应的操作也要发生改变。

②不同对象之间操作的关联弱。这种情况主要体现在多个对象同时调用一个对象时。

3.2.3 事件驱动风格

1. 事件驱动风格描述

事件驱动体系结构的基本思想是,系统对外部的行为表现可以通过它对事件的处理来实现。事件驱动就是根据事件的声明和发展状况来驱动整个应用程序的运行。如果用户要了解一个系统,只要输入一个事件,然后观察它的输出结果即可达到分析系统的目的。一个基于事件驱动构架的应用程序系统,各个功能设计为封装的、模块化的、可用于共享的事件服务组件,并在这些独立非耦合的组件之间将事件所触发的信息进行传递。

事件驱动结构与面向对象结构不同,它提供的是一种动态响应事件的机制。事件驱动模式的示意图如图 3-6 所示。

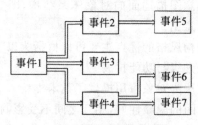

图 3-6 事件驱动结构的模式

由图 3-6 可以看出,该事件驱动结构是由事件 1,事件 2,……,事件 7 构成的,并且各个事件之间是管道化的和多模块化的,这样的连接方式有利于事件的并发处理。

在这个事件驱动系统结构中事件 1 将业务活动消息发布出去,对该活动感兴趣的事件 2,事件 3,事件 4 就会及时作出反应,然后根据事件的重要性实时地响应企业业务活动中的事件,激活相应的后续事件(也就是事件 5,事件 6,事件 7),完成业务流程。在整个驱动系统中,事件 1 处于主导位置,与其他的事件进行协作,共同实现系统的功能。事件 1 通过给事件 2、事件 3、事件 4 发送消息并接收事件 2、事件 3、事件 4 及其子系统(事件 4、事件 5、事件 6)的消息来保证系统的正常运行。

事件驱动体系结构风格的优点主要可以概括为以下几个方面。

①系统设计的通用性好。设计者使用事件驱动结构可以方便快捷地添加新的子系统。

②定义了类层次结构,即操作子系统和管理子系统。

③简化了用户的代码。

④系统升级容易,扩展性能好。

⑤并发操作性好。

⑥适合描述系统家族。

事件驱动系统的结构存在着的问题,主要可以概括成以下几点。

①事件驱动系统的结构中对计算进行控制的是系统而不是构件。

②由于系统本身存在着一定的缓存空间,数据的即时共享就存在着问题。

③构件之间关系的不确定性使系统之间的逻辑更加复杂。

2. 案例分析

事件驱动体系结构应用很广泛,不仅只在软件设计领域,在航空领域(典型实例 Rich 模型的飞行控制系统),会计领域均有应用。例如,当其成为一项会计术语时,便可作为会计信息系统对象的经济实体中的一项业务(事件),一经发生,会计业务(事件)处理程序就被触发。也就是说,会计信息的采集、存储、处理、输出嵌入在业务执行处理过程中,实现财务业务一体化数据处理模式。可以建立图 3-7 所示的会计信息系统的数据处理模式。

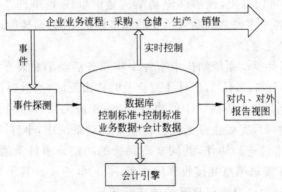

图 3-7　会计信息系统的数据处理模式

3.2.4　分层体系结构风格

1. 分层体系结构风格描述

分层体系结构风格是调用/返回风格的一个代表。分层体系结构风格组织成一个层次结构,通过分解,能够将复杂系统划分为多个独立的层次,每一层都具有高度的内聚性,并只影响与它相邻的两层,较高层面向特定应用问题,较低层次则更具有一般性。层间的连接器通过层间交互的协议来定义,且上、下层之间是单向调用关系,即上层通过下层提供的接口来使用下层的功能,而下层却不能使用上层的功能。分层体系结构示意图如图 3-8 所示。

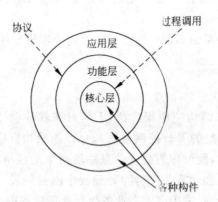

图 3-8　分层体系的结构

由图 3-8 可以看出该体系结构中有核心层、功能层、应用层三个层次,也就形成了三种不同功能级别的虚拟机。核心层是最低层,它没有下层,也就不会使用其他的服务,它只能为应用层提供服务。功能层位于核心层与应用层中间,影响核心层与应用层并为它们提供相同的接口。功能层作为核心层的客户,访问核心层所提供的服务,以执行自己的功能,并为应用层提供服务。应用层是整个系统的最高层,访问功能层所提供的服务,以执行自己的功能,并与外部环境相连接,是用户访问整个系统所提供功能的入口。核心层、功能层、应用层三个级别的虚拟机根据设计时的事先拟好的协议来相互沟通;但应用层与核心层之间的通信是被严格约束的,不能相互沟通,因为它们不相邻。

分层体系结构风格的优点可概括为以下几点。

①分层结构体系在系统设计过程中是逐渐被抽象出来的,使复杂问题简单化。

②支持重用。如果每一层给相邻的两层提供相邻的接口,那么每一层都可以用不同的方法实现。

③扩展性能好。

分层体系结构风格的优点存在着的问题,主要可以概括成以下几点。

①并不是在每个系统中都适用。

②不同的系统很难找到合适的分层方法。

③在传输过程中,需要经过多个层次,导致系统性能下降。

2. 案例分析

Android 系统、计算机网络协议 TCP/IP、分层通信协议(OSI/ISO)、操作系统和数据库系统等都是应用了分层体系结构。图 3-9 是 Android 系统分层结构。

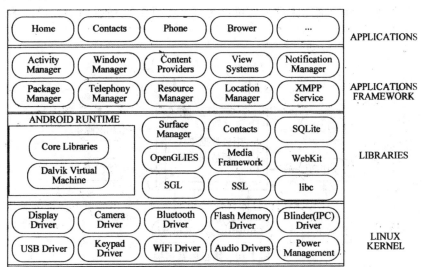

图 3-9　Android 系统结构

3.2.5 数据共享风格

1. 数据共享风格描述

数据库系统风格、超文本系统风格、黑板系统风格等构成了数据共享体系结构风格。中心数据结构部件,也叫数据仓库(Repository)是该风格中的一个部件,可以用来描述当前系统的状态特征;另一类部件是由一组相对独立的部件集组成,通常能够根据不同的方式实现同数据仓库之间的交互,是实现数据共享体系结构的技术基础。信息交换模式由于系统内功能的各不相同,因此信息交换模式也会存在差异,而由此导致数据和状态控制策略的不同。

基于控制策略的差异,通常将数据共享体系结构划分为两大分支:即当激发进程执行的主要原因是由于系统输入业务流的类型引起的,那么此时数据仓库为传统的数据库;当激发进程执行的主要原因是由于中心数据结构的当前状态所引起的,那么此时的数据仓库为黑板(Blackboard),其中,比如语音和模式识别等属于反体系结构风格,大多用于处理复杂解释的信号领域内。而我们称第二分支为黑板,主要是因为其像教室内的黑板一样,假设有一组(围坐在桌子边讨论一个问题的)人类专家,对于同一个问题或者一个问题的各个方面,每一位专家基于自己的专业经验提出自己的观点,写在黑板上,其他专家都能看到,都能随意使用,继而实现共同解决该问题。由此看出,其能够反映信息共享。黑板体系结构里,读"黑板"上面的字可以为多个,同样在上面写字的人也可以为多个。图 3-10 所示即为黑板体系结构图。

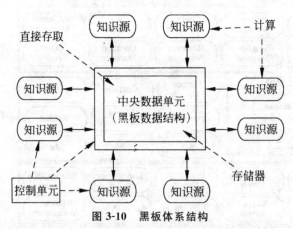

图 3-10 黑板体系结构

一个典型的黑板分层体系结构风格系统由黑板数据结构、知识源、控制单元三部分组成。黑板数据结构是整个系统的核心用于数据的存储。各个知识源是相互独立的,它们为黑板数据库提供信息,使问题得到有效的解决。控制单元主要作用于问题解决过程中运行时间及其他相关资源的分配,多用户共享大量的数据。

构件可以作为知识源添加到系统中,使黑板数据库结构得到扩展。

黑板数据库结构存在着的问题,主要可以概括成以下两点。

①共享数据结构的修改很难。

②数据的完整性和一致性需要同步机制和加锁机制来保证,增加了系统设计的复杂度。

2.案例分析

数据共享的实例很多,比如 HearsayⅡ语音识别项目、专家系统、编译器等。图 3-11 是数据共享结构的编译器示意图。

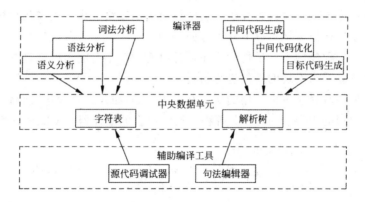

图 3-11　数据共享结构的编译器

3.2.6　解释器风格

解释器风格又称虚拟机风格,关键在于虚拟机的构建,以弥合程序的语义作为计算引擎的硬件的间隙。虚拟机风格结构图如图 3-12 所示。由图可以看出该系统由一个解释引擎和三个解释器(伪代码的数据储存空间、记录解释器引擎当前状态的数据结构和记录解释器资源编码进程的数据结构)。

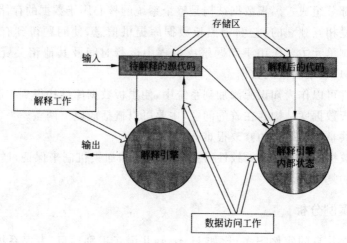

图 3-12　虚拟机风格

虚拟机风格适合程序的逻辑功能复杂,不能直接以合适的语言执行,或者应用程序不能直接运行在最合适的机器上的系统。虚拟机体系结构风格的优点主要可以概括为以下几个方面。

①应用程序的可移植性和程序设计语言的跨平台能力得到显著提高。

②可以对未实现的硬件进行仿真。

常见的解释器风格应用的例子有很多。如:布尔运算表达式解释器,还有我们常用的 Java、Smalltalk 等程序设计语言的编译器,Awk、Perl 等脚本语言。

3.2.7　客户/服务器风格

微型计算机的诞生,促进了计算机应用模式由主框架体系结构向分布式体系结构转变。由微型计算机、个人工作站和计算机网络构成的分布式环境,奠定了客户/服务器风格(Client/Server,C/S)的基础。C/S 体系结构如图 3-13 所示。

由图 3-13 可以看出,C/S 体系结构中的应用程序在逻辑上分为两部分。一部分是客户端程序,主要用于处理与用户交互的功能,也就是我们通常所说的前台。另一部分是服务器程序,主要用于处理与业务规则相关的各种计算功能。也就是我们通常所说的后台。服务器(后台)负责数据管理,客户机(前台)完成与用户的交互任务。前台与后台通过网络通信进行请求和处理结果的交互,处理流程示意图如图 3-14 所示。

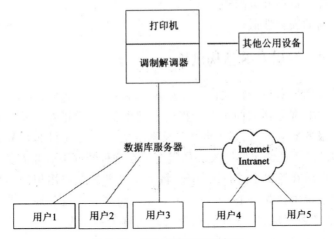

图 3-13　C/S 体系结构示意图

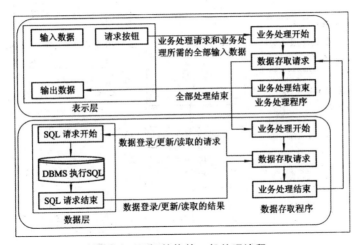

图 3-14　C/S 结构的一般处理流程

C/S 体系结构的优点可以概括为以下几个方面。

①有利于分布式数据的组织和处理。

②适应性和灵活性强,易于对系统进行扩充和缩小。

③降低了系统的整体开销。

C/S 体系结构存在着的问题,主要可以概括成以下几点。

①开发成本较高。

②客户端程序设计复杂。

③信息内容和形式单一。

④用户界面风格不一,使用繁杂,不利于推广使用。

⑤系统的执行效率低。

⑥软件维护和升级困难。

⑦数据的安全性低。

3.2.8 三层C/S结构风格

随着应用技术与分布式技术的发展,应用规则的处理变得越来越复杂,C/S结构中的服务器端的负荷变得越来越重要,严重影响了系统的执行效率。同时服务器端的代码的维护以及系统的维护也变得非常复杂。二层C/S结构已经不能满足实际发展的需要。在这种情况下研究人员将Server端的工作性质在逻辑上进行了划分,将用于处理复杂应用规则的代码从数据库管理系统中独立出来,建立了一个专门面向应用业务规则处理的逻辑层次,即业务逻辑层,实现该层功能的系统称为数据服务层。三层C/S体系结构应运而生,其结构如图3-15所示。

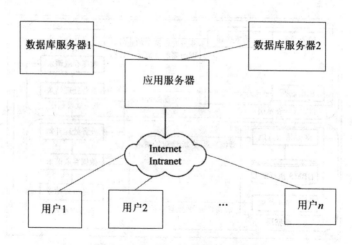

图3-15 三层C/S体系结示意图

由图3-15可以看出,三层C/S结构与二层C/S结构不同的是,三层C/S结构将系统分为了客户端、应用服务器、数据库服务器三部分,各部分在逻辑上相互独立,功能上单独实现。三层C/S结构的处理流程如图3-16所示。

三层C/S结构中的表示层是用户与外部进行交互的接口。功能层是应用的主体,它包括系统中所有重要的和易变的企业逻辑,应用服务器是应用逻辑处理的核心,它是具体业务的实现。客户端将请求信息发送给应用服务器,应用服务器返回数据和结果。应用服务器一般和数据库服务器有密集的数据交往,应用服务器向数据库服务器发送SQL请求,数据库服务器将数据访问结果返回给应用服务器。此外,应用服务器也可能和数据库服务器之间没有数据交换,而作为客户的独立服务器使用,负责处理所有的业务逻辑。当应用逻辑变得复杂或增加新的应用时,可增加新的应用服务器,它可与原应用服务器驻留于同一主机或不同主机上。

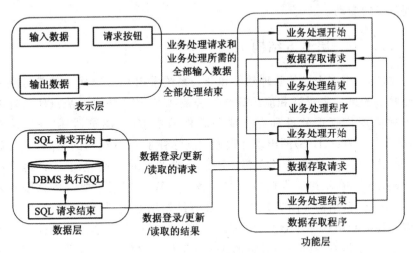

图 3-16　三层 C/S 体系结构的一般处理流程

在三层 C/S 结构中,一般情况下,只将表示层配置在客户机中,功能层和数据层配置在服务器中,如图 3-17(a)或图 3-17(b)所示。但有时也会只将数据层配置在服务器中,将功能层与表示层一起配置在客户机中,如图 3-17(c)所示。如果只将数据层配置在服务器中,相比于二层 C/S 体系结构,程序的可维护性将会得到很大改善,但随之又会产生一些新的问题。虽然服务器的负荷降低但带来的是客户机的负荷加重,影响系统的性能。

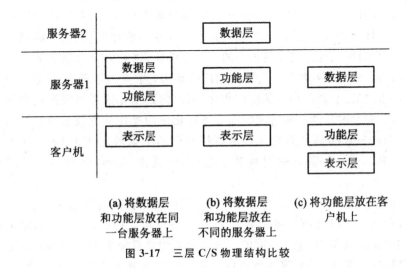

图 3-17　三层 C/S 物理结构比较

如果功能层从客户端分离出来,把数据层与功能层分开,形成独立的一层,如图 3-17(b)所示,那么就能很好地解决二层 C/S 体系结构中出现的一些问题。客户端和服务器的负荷都不会太重,系统的灵活性强,可以很好地处理负荷的变动。

3.2.9 三层 B/S 结构

在过去,很多企业的管理软件和办公系统采用 C/S 结构。随着对应用软件要求的进一步提高和应用软件的普及,C/S 结构体系的缺点使其越来越不适应现代管理软件和办公应用软件的要求,而浏览器/服务器结构(Browser/Server,B/S)的出现在很大程度弥补了 C/S 结构的缺陷,它是对 C/S 结构的一种变换或者完善。B/S 结构的 Client 端是统一的浏览器(Browser),Server 端是专门的信息服务器。Web 应用主要以信息服务为核心,B/S 体系结构如图 3-18 所示。B/S 结构用通用浏览器便可以实现原来需要复杂专用软件才能实现的强大功能,使客户端计算机的载荷得到极大地简化,使得系统维护与升级的成本和工作量得到减少,用户的总成本也得到下降。B/S 体系结构如图 3-18 所示。

图 3-18 三层 B/S 结构

B/S 结构的工作原理是,将 Web 服务器作为体系结构的核心,Web 应用的信息组织以 HTML 语言描述的页面为基本单元,并通过超链接实现信息页面之间的语义链接。当用户运行某个应用程序时,只需在浏览器中输入一个网址或点击当前网页中的一个超链接,浏览器会以超文本 HTTP 的形式向 Web 服务器提出访问数据库的要求,当 Web 服务器接收到 HTTP 请求之后,会调用相关的应用程序,同时向数据库服务器发送数据操作请求,数据库服务器根据请求的内容进行相应的操作并把数据处理结果返回给 Web。Web 将从数据库服务器接收到的结果转化成 HTML 文档形式,将 Browser 所需要的网页转发给它,网页由 Browser 解释并呈现给用户。

在整个 B/S 结构模式中,用户使用客户浏览器通过互联网向 Web 服务器发送 HTTP 请求,Web 服务器将与用户建立连接,然后根据发来的 HTTP 请求的不同,建立不同的配置。如果请求对象是 HTML 脚本、静态图像等静态资源,Web 服务器将所需的资源从本地的文件系统中读出,然后返回给用户。如果请求的是 CGI、ASP、PHP 等动态资源,Web 服务器将请求发送给相应的 CGI 程序或脚本解释器。应用程序服务器是整个系统的核心所在,系统所提供的功能基本上都是由应用程序服务器完成的。它的作用是寻找能提供服务的应用对象,并为客户端和服务对象之间提供通道。在 B/S 结构中,数据库是存储数据的主要场所,客户端提交的数据都保存在数据库中,应用对象与数据库建立连接之后,才能对数据库进行相关的操作。

在 B/S 结构中数据的请求、网页的生成、数据库的访问和应用程序的执行全部由 Web 服务器来完成,当企业对网络应用进行升级时,只需要更新服务器端的软件就可以了,从而大大简化了客户端。B/S 结构为异构机、异构网和异构应用服务的集成提供了有效的框架基础。此外,B/S 结构与 Internet 技术相结合也成为了电子商务和客户关系管理的基础。B/S 结构模式如图 3-19 所示。

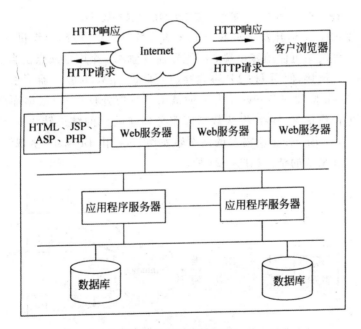

图 3-19　B/S 结构模式

B/S 结构的应用实例有很多,如哈尔滨理工大学的教务在线系统,如图 3-20 所示。

图 3-20　哈尔滨理工大学的教务在线系统

利用 B/S 结构开发哈尔滨理工大学的教务在线系统,组织机构、工作职责等各级菜单可使用客户端的浏览器通过输入一个网址或点击当前网页中的一个超链接,使用 HTTP 协议穿越互联网向 Web 服务器请求所需要的网页,Web 接收到 Browser 发来的请求并响应处理后,向数据库服务器发送数据操作请求,Web 将从数据库服务器接收到的结果转化成 HTML 文档形式,将 Browser 所需要的网页转发给它,再由 Browser 呈现给用户。该教务在线系统的结构如图 3-21 所示。

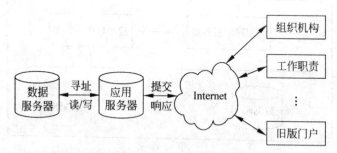

图 3-21　哈尔滨理工大学的教务在线系统的结构

B/S 结构的优点可以概括为以下几个方面。

①易扩展,开放性好。

②用户界面具有一致性。

③系统集成性强。

④灵活性强,系统信息交流与发布灵活方便。

B/S 结构存在着的问题,主要可以概括成以下几点。

①无法满足客户个性化的需求。

②没有集成有效的数据库处理功能,响应速度相对比较低。

③扩展性差,应用服务器运行数据负荷较重,安全性没有保障。

3.2.10　反馈控制环风格

反馈控制是一种闭环控制策略,源自过程控制理论。目的是使被控对象的功能和属性达到理想的目标。在软件体系结构中,可以从过程控制的角度分析和解释构建之间的交互,同时,应用这种交互改善系统的性能。

机器学习是一个复杂的自适应问题也是反馈控制结构应用的典型例子。以机器学习的实例来描述反馈控制结构的基本属性。机器学习模型如图 3-22。

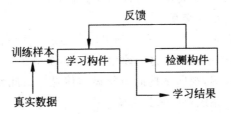

图 3-22　机器学习模型

首先将训练样本输入到学习构件中作为被查询的基本数据和知识源;然后输入真实数据,经过学习构件的分析和计算,输出学习结果。与此同时,检测构件要检查学习结果与预期结果之间的差异,并反馈给学习构件。通过引入反馈机制,使学习构件的学习能力得到增强,丰富了知识源。

3.2.11　MVC 体系结构风格

为了解决软件用户界面开发中将会出现的各种问题,设计者开发了模型—视图—控制器(Model-View-Controller style)系统,简称 MVC 系统。

软件系统的用户界面经常发生变化。例如,用户界面要随着系统功能的改变而改变,当系统功能增加时,菜单上就要有所显示。不同的系统平台之间外观标准不同,用户界面也应根据相应的标准来设计。不同的用户对用户界面的喜好与要求不同等。而且,可能需要为一个内核开发多种界面。因此,用户界面显然不能与功能内核紧密结合。MVC 风格可以使这些问题得到有效的解决。图 3-23 为 MVC 风格体系的结构示意图。

由图 3-23 可以看出 MVC 风格的系统将程序抽象为视图层、控制层、模型层三个部分,各个部分相互独立,耦合度好,灵活性强。

模型是整个应用程序的核心。它封装内核数据与状态。如果模型中的

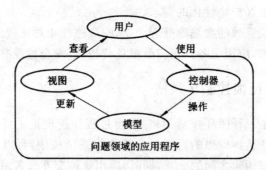

图 3-23   MVC 风格的体系结构

数据与状态发生改变,视图上就会有所更新,用户通过查看视图对模型信息进行显示。控制器是提供给用户进行操作的接口,通过鼠标移动、键盘输入等操作接收用户的输入,将输入事件翻译成服务请求,送到模型或视图。用户只通过控制器与系统交互。

一个模型可以对应多个视图。如果用户通过一个视图的控制器改变了模型,则其他的视图也反映出这个改变。为此,模型在其外部数据被改变时需要通知所有的视图,视图则据此更新显示信息。由此允许改变应用的子系统而对其他的子系统产生重大影响。

MVC 体系结构风格的优点主要可以概括为以下几个方面。

①将复杂的逻辑设计问题简单化,系统的扩展性得到了保证。

②可维护性好,界面的改变不影响程序的功能。

③不管是静态时,还是运行时,都可以改变。

MVC 体系结构风格应用的例子有很多,在 SmallTalk 和 Java 中都有涉及。Windows 应用程序的文档视图结构就是 MVC 体系结构风格。

3.2.12 C2 风格

C2 风格的设计思想最早源于 Chiron-1 用户界面系统。C2 风格是一个基于构件和消息传递的,适合于 GUI 软件开发图序结构的风格。C2 风格的体系结构如图 3-24 所示。

由图 3-24 可以看出 C2 风格的体系结构由构件和连接件两种元素组成的并行构件网络。每个构件和连接件都有一个"顶部"和"底部"。构件的"顶部"和连接件的"底部"相连,构件的"底部"和连接件的"顶部"相连,构件只能与连接件相连,连接件既可以与构件相连也可以与连接件相连。一个连接件可以和很多构件或连接件相连。连接件间的连接规则也一样。构件间发送的消息类型有两种,一种是向上级构件发出请求(Request),另外一种是向下发送通知。连接件负责消息的过滤、路由和广播等通信及相关处理。构件与构件之间只能通过交换连接件发送的异步消息进行通信，不能直接通信。

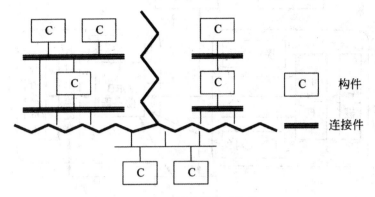

图 3-24　C2 风格的体系结构

C2 风格的特点是构件只知道上层构件的接口，而不知道下层构件的接口是什么样的。最下层构件是用户、I/O 设备等，而上层构件则是比较低级的操作，如 ADT 等。

C2 体系结构风格的优点可以概括为以下几点。

①系统中的构件可实现应用需求，并能将任意复杂度的功能封装在一起。

②构件与构件之间只能通过交换连接件发送的异步消息进行通信。

③构件之间相对独立。

3.2.13　公共对象请求代理体系结构风格

公共对象请求代理（Common Object Request Braker Architecture，CORBA）是由对象管理组织（Object Management Group，OMG）提出的，是一套完整的对象技术规范，其核心包括标准语言、接口和协议。在异构分布式环境下，可以利用 CORBA 来实现应用程序之间的交互操作，同时，COR-BA 也提供了独立于开发平台和编程语言的对象重用方法。

对象管理组织定义了对象管理体系结构（OMA）作为分布在异构环境中的对象之间交互的参考模型。CORBA 系统的体系结构图如图 3-25 所示。由图可以看出对象管理组织由 5 个部分组成，即对象请求代理（ORB）、对象服务、通用设施、域接口和应用接口。对象请求代理实现客户和服务对象之间的通信交互，是最核心的部分，其他 4 个部分则是构架于对象请求代理之上适用于不同场合的部件。CORBA 标准就是针对对象请求代理系统制定的规范。

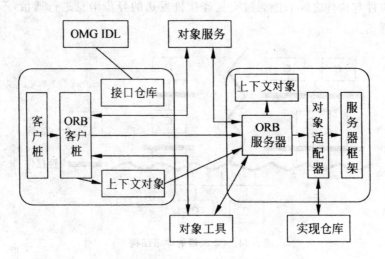

图 3-25　CORBA 系统的体系结构图

　　对象请求代理的互操作性（Inter Operability）体现在分布于网络中的多个对象借助 Internet 对象请求代理间协议和通用对象请求代理间协议，达到不同厂商对象请求代理之间操作的一致性。在 CORBA 规范中定义了两种在不同厂商对象请求代理间进行通信的协议，即通用对象请求代理间互操作协议（General Inter－ORB Protocol，GIOP）和环境相关对象请求代理间互操作协议（Environment Specific Inter－ORB Protocol，ESIOP）。这两种协议屏蔽了操作系统类型、实现语言以及具体厂商等因素。

　　公共对象请求代理体系结构风格的优点可以概括为以下几点。

　　①实现了客户端程序与服务器程序的分离，客户不再直接与服务器发生联系，而仅需要和对象请求代理进行通信，客户端和服务器之间的关系显得更加灵活。

　　②将分布式计算模式与面向对象技术结合起来，提高了软件重用效率。

　　③提供了软件总线机制。软件总线是指一组定义完整的接口规范。应用程序、软件构件和相关工具只要具有与接口规范相符的接口定义，就能集成到应用系统中。这个接口规范是独立于编程语言和开发环境的。

　　④CORBA 支持不同的编程语言和操作系统，开发人员能够在更大的范围内相互利用已有的开发成果。

　　CORBA 充分利用了现有的各种开发技术，将面向对象思想融入分布式计算模式中，定义了一组与实现无关的接口，引入了代理机制来分离客户端和服务器。目前，CORBA 规范已经成为面向对象分布式计算中的工业化标准。

3.2.14　层次消息总线体系结构风格

随着计算机网络技术和构件技术的发展,出现了以青鸟软件生产线的实践为背景的层次消息总线(Hierarchy Message Bus,HMB)体系结构风格。

层次消息总线体系结构风格基于层次消息总线,支持构件的分布和并发,所有构件之间的通信是通过消息总线实现的,如图 3-26 所示。其中,消息总线做为整个系统的连接件,负责系统内消息的分配、传递、过滤以及处理结果的返回。所有构件均挂在连接件上,把自己关注的、感兴趣的消息报告给连接件,连接件就会把它们记录下来。构件与构件的相连必须通过消息总线。如果构件需要某方面的消息,它首先需要通知消息总线,消息总线会根据构件的需要把它们分配到系统中所有对此消息感兴趣的构件,构件接收到消息总线传来的消息后,根据自身的情况和实际需要对消息进行处理,处理的结果可以传到消息总线,消息总线再把它传给目标构件。

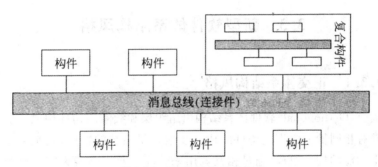

图 3-26　HMB 体系结构风格

由图 3-26 可以看出,如果一个构件足够复杂,可以把它分成更多的子构件,子构件之间通过局部消息总线进行连接,形成复合构件。如果复合构件中的子构件仍然比较复杂,则可以根据具体情况对它进行进一步分解。如此分解下去,系统将形成树状的拓扑结构。与消息总线直接相连的是原子构件,子构件不能与消息总线直接相连。原子构件可以是管道/过滤器风格、也可以是面向对象风格还可以是数据共享风格等等,具体的风格选择与设计根据实际情况,不必是统一的风格。此外,整个系统可以作为一个构件,通过更高层次的消息总线集成到更大的应用系统中。

层次消息总线系统和组成系统的各个构件往往是比较复杂的,用户很难从单一的角度全面的了解它。如果要全面地了解它,我们要了解它的构建模型、构件接口与消息总线。

下面以计算机考试系统为例对层次消息总线风格的体系结构进行说

明。考试系统结构示意图如图 3-27 所示。

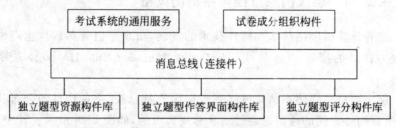

图 3-27　基于消息总线的考试系统结构示意图

由图 3-27 可以看出,该考试系统由六部分组成,消息总线及考试系统的通用服务等五个构件。五个构件分别向消息总线登记自己所拥有的消息以及自己感兴趣的消息。构件一消息响应登记表中记录了该总线上所有构件和消息的响应关系。例如当独立题型评分标准发生变化时,就会像消息总线发出登记消息。消息总线根据构件一消息响应登记表把消息分配到相应的构件,并把处理的结果返回。

3.3　新型软件体系结构风格

3.3.1　正交体系结构风格

正交(Orthogonal)软件体系结构由组织层和线索的构件构成。层是由一组具有相同抽象级别的构件组成。线索是子系统的特例,它是由完成不同层次功能的构件组成(通过相互调用来关联),每一条线索完成整个系统中相对独立的一部分功能[①]。不同的线索之间是相互独立的,与其他线索无关。

如果线索是相互独立的,即不同线索中的构件之间没有相互调用,那么这个结构就是完全正交的。正交软件体系构的主要特征可以归纳为以下几点。

①由完成不同功能的,n(n>1)个线索(子系统)组成。

②系统具有 m(m>1)个不同抽象级别的层。

③线索之间是相互独立的(正交的)。

④系统有一个公共驱动层(一般为最高层)和公共数据结构(一般为最低层)。

---

① 李金刚.软件体系结构理论及应用[M].北京:清华大学出版社,2013

对于大型的和复杂的软件系统,其子线索(一级子线索)还可以划分为更低一级的子线索(二级子线索),形成多级正交结构。正交软件体系结构的框架如图 3-28 所示。

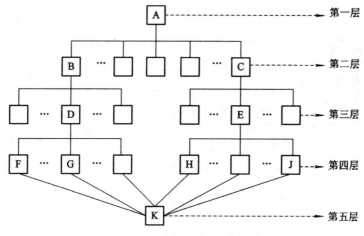

图 3-28　正交软件体系结构框架

图 3-28 是一个三级线索、五层结构的正交软件体系结构框架图。该图中有很多线索,如:ABDGK,ACEJK 等等。线索 ABDGK 和线索 ACEJK 之间是相互独立的,不存在关联。B 和 C、F 和 G、H 和 J 分别处在同一层之间,他们相互之间是不能互相调用的。一般情况下,第五层是一个物理数据库,连接构件或设备构件,供整个系统公用。

在正交软件体系结构中,由于不同的线索之间是完全独立的,相互之间不能相互调用,所以在软件演化过程中,系统每个需求的变化只会影响与之相关的某一条线索,而不会涉及其他线索。这样,就把软件需求的变动局部化了,能有效地把系统变化产生的影响限制在一定范围内。

正交体系结构风格的优点可概括为以下几点。

①可移植性强。

②支持大粒度的重用。

③易修改,可维护性强。

④结构清晰,容易理解。

下面以汽修服务管理系统的设计方案为例来对正交软件体系结构风格进行说明。考虑到用户需求可能会经常发生变化,在设计时采用了正交体系结构,大部分线索是独立的,不同线索之间不存在相互调用关系。维修收银功能需要涉及维修时的派工、外出服务和维修用料,因此,适当放宽了要求,采用了非完全正交体系结构,允许线索之间有适当的调用,不同线索之间可以共享构件。由于非完全正交结构的范围不大,因此,对整个系统框架的影响可以忽略。汽修服务管理系统的体系结构如图 3-29 所示。其中,系统、维修登记、派工、增加和数据接口形成了一条完整的线索。

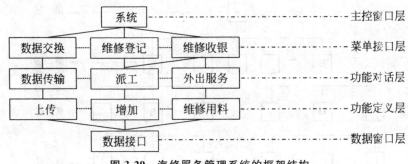

图 3-29 汽修服务管理系统的框架结构

3.3.2 富互联网应用体系结构风格

随着科技与应用软件技术的发展,软件业务逻辑也越来越复杂,为了满足实际的需要,提升用户体验,出现了一种新类型的 Internet 应用程序,就是富互联网应用体系结构风格(Rich Internet Application)简称 RIA.

与 Web 应用程序相比,RIA 的用户交互得到了有效的改善,可以提供更直观、清晰,响应速度更快的用户体验。RIA 融合了众多系统的长处,并在此基础上功能有所扩展。它不仅具备桌面型系统的长处,包括在确认和格式编排方面提供互动用户界面、在无刷新页面之下提供快捷的界面响应时间、提供通用的用户界面特性,如拖放式以及在线和离线操作能力,而且保留了 Web 的优点,如立即部署、跨越平台可用性、采用逐步下载来检索内容和数据、拥有杂志式布局的网页以及充分利用被广泛采纳的互联网标准等,并且支持双向互动声音和图像。图 3-30 描述了 RIA 应用程序的层次模型。RIA 层次模型共分为 5 个层次,从上到下依次是客户层、表示层、业务层、集成层及资源层。

RIA 风格的优点可以概括为以下几点。

①与 Web 应用程序相比,交互性强。

②数据的变动与更新可以通过应用程序客户端直接实现对用户请求的响应。

③多步骤处理。所有内容在一个界面中添加转换效果,使应用程序的状态在各步骤中轻松移动。

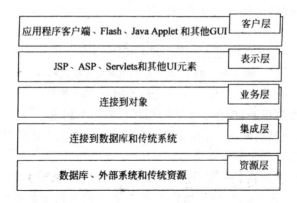

图 3-30　RIA 应用程序模型图

④文本独立性。

⑤平台无关性。

RIA 风格的缺点如下。

①Sandbox(沙箱)。因为 RIA 必须运行在 Sandbox 中,所以它们对系统资源的访问必须受到严格控制,否则可能会出现一些问题。

②需要 Javascript 等脚本的支持。

③脚本下载时间。虽然 RIA 无须安装,但客户端引擎的脚本总需下载。

④可搜索度降低。目前的搜索引擎还不能很好地支持这样的内容。

⑤不可部署性。目前,除了 Adobe AIR。技术外,其他 RIA 应用都不具备像传统桌面应用那样的可部署性。

RIA 应用的实例有很多,例如 Ext 框架就是一个典型的 RIA 应用于客户端方面的富客户端应用。

3.3.3　表述性状态转移体系结构风格

表述性状态转移(Representational Stste Transfer,REST)体系结构风格与其它体系结构风格不同的是,它主要是对 Web 体系结构设计原则进行描述。REST 的目的是决定如何使一个良好定义的 Web 程序向前推进:一个程序可以通过选择一个带有超链接的 Web 页面上的链接,使得另一个 Web 页面(代表程序的下一个状态)返回给用户,使程序进一步运行。如图 3-31 所示,客户使用逻辑 URI 向资源发送一个请求,资源收到客户的请求后,将处理结果返回给客户。客户得到返回结果后,选择一个链接来决定下一步动作,这样可以做到客户维护自己的程序状态。

REST 体系结构风格的优点如下。

①统一接口,简化了对资源的操作。

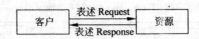

图 3-31　REST 体系结构风格交互模式图

②REST 的无状态性提高了系统的伸缩性和可靠性。

③基于缓存机制,提高了系统的处理性能和负载量。

REST 体系结构风格也存在着若干不利因素,具体表现在以下几个方面。

①缺少有效的服务发现能力。

②后台复杂逻辑封装和中间代理的引入会影响用户可察觉的性能。

③由于 REST 无状态性,增加的每次请求传送状态数据的开销,影响了交互效率。

下面以基于 JAX－RS 的 REST 服务为例,说明 Restlet 项目的创建过程。JAX－RS(JSR－311)是一种 Java API,可使 Java Restful 服务的开发变得迅速而轻松。这个 API 提供了一种基于注解的模型来描述分布式资源。注解被用来提供资源的位置、资源的表示和可移植的(Pluggable)数据绑定架构。

(1)新建 Java Web Project RestService 工程如图 3-32 所示。

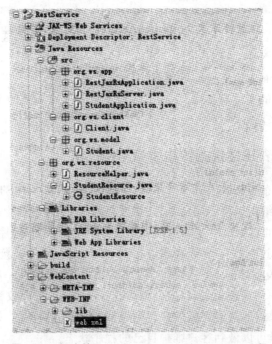

图 3-32　新建的 Java Web Project Rest Service 工程

(2)将％RESTLET_HOME％\lib 复制到\RestService\WebContent\WEB－INF\lib 下，并加入工程引用。为了测试方便，可以将全部的 lib 包加进去，且 org. restlet. jar 必须加入其中。如果是用 JAX－RS 发布 rest，还需要 javax. ws. rs. jar、javax. xml. bind. jar、org. json. jar、org. restlet. ext. jaxrs. jar、org. restlet. ext. Json. jar、org. restlet. ext. servlet. jar 几个包。

(3)接下来创建 student 实体类，用于返回数据。student 使用 JAXB 绑定技术，自动解析为 XML 返回给客户端或浏览器。JAXB 是一套自动映射 XML 和 JAVA 实例的开发接口和工具，可以使 XML 更加方便地编译一个 XML SCHEMA 到一个或若干个 JAVA CLASS。

```
@XmlRootElement(name＝"Student")
public class Student {
private int id；
private String name；
private int sex；
private int clsId；
private int age；
public  int  getId(){
    return  id；
}
public  void  setId(int  id){
    this. id＝id；
}
public  String  getName(){
    return  name；
}
public  void  setName(String  name){
    this. name＝name；
}
public  int  getSex(){
    return  sex；
}
public  void  setSex(int  sex){
    this. sex＝sex；
}
public  int  getclsId(){
```

```
        return  clsId；
    }
    public void setClsId(int clsId){
        this. clsId＝clsId；
    }
    public int getAge(){
        return age；
    }
    public void setAge(int age){
        this. age＝age；
    }
}
```

（4）Restlet 架构主要是 Application 和 Resource 的概念，在程序中可以定义多个 Resource，一个 Application 可以管理多个 Resource。

①创建应用类：StudentApplication 继承了抽象类 javax. ws. rs. core. Application，并重载了 getClasses()方法。代码如下：

Set＜Class＜?》rrcs：newHashSet＜Class＜? ＞＞()；

rrcs. add(StudentResource. class)；

②绑定 StudentResource：有多个资源可以在这里绑定，例如 Course 等，可以相应地定义为 CourseResource 及 Course，然后加入 rrcs. add (CourseResource. class).

③创建资源类：StudentResource 管理 Student 实体类，代码如下。

```
@Path("student")
public class StudentResource{
@GET@Path("{id}/xml")
@Produces("application/xml")
public  Student  getStudentXml(@PathParam("id")int  id){
return  ResourceHelper. getDefaultStudent()；
    }
}
```

其中，@Path("student")执行了 URI 路径，student 路径进来的都会调用 StudentResource 来处理；@GET 说明了 HTTP 的方法是 GET 方法；对于@Path("{id}/xml")，每个方法前都有对应的 Path，用来声明对应的 URI 路径；@Produces("application/xml")用于指定返回的数据格式为 xml；@PathParam("id")int id 表示接受传递进来的 id 值，并且 id{id}定义

的占位符要一致。

（5）定义了相应的 Resource 和 Application 后，还要创建运行环境。Restlet 架构为了更好地支持 JAX－RS 规范，定义了 JaxRsApplication 类来初始化基于 JAX.RS 的 Web Service 运行环境。

①创建运行类：RestJaxRsApplication 继承了类 org.restlet.ext.jaxrs. JaxRsApplieation，构造方法的代码如下。

```
public  RestJaxRsApplication(Context  context){
super(context);
this.add(new  StudentApplication());
}
```

②发布和部署 restlet 服务：首先将 Restlet 服务部署到 Tomcat 容器中，在 web.xml 中加入以下代码：

```
<context—param>
<param—name>org.restlet.application</param—name>
<param—value>ws.app.RestJaxRsApplication</param—value>
</context—param>
<servlet>
<servlet—name>RestletServlet</servlet—name>
<servlet—class>org.restlet.ext.servlet.senrersenrlet</servlet—class>
</servlet>
<servlet—mapping>
<servlet—name>RestletServlet</servlet—name>
<url—pattern>/ * </url—pattern>
</servlet—mapping>
```

如果启动 Tomcat 没报错，说明配置正确。然后将 Restlet 服务当做单独的 Java 程序部署创建类 RestJaxRsserver，代码如下：

```
public  static  void  main(String[]args)throws  Exception{
component  component= new  Component();
component.getServers().add(Protocol.HTTP,8085);
Component.getDefaultHost().attach(new  RestJaxRsApplication(null));
component.start();
}
```

该类中创建了一个新的 HTTP Server，添加监听端口 8085，将 RestJaxRsApplication 加入到 HTTP Server 中，完成系统启动。

3.3.4 插件体系结构风格

插件(Plug－in)技术是现代软件设计思想的体现,它可以将需要开发的目标软件分为若干功能构件,各构件只要遵循标准接口即可。整个软件集成时,只需要将构件进行组装,而不是集成源代码或链接库进行编译与链接;需要新的功能构件时,也只需要按规定独立开发,完成后组装到原软件平台中即可使用,实现了一种二进制的软件集成方法。插件体系结构风格图如图 3-33 所示。

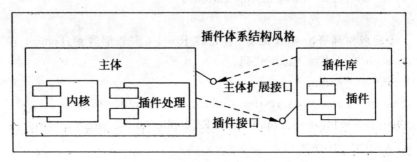

图 3-33　插件体系结构风格图

由图 3-33 可以看出插件体系结构由主体部分和插件库两部分组成,主体部分完成系统的基本功能,扩展部分(插件库)完成系统的扩展功能。插件风格中存在两类接口:主体扩展接口和插件接口。主体扩展接口由主体实现,插件只是调用和使用;插件接口由插件实现,主体只是调用和使用。

插件体系结构风格的优点主要可以概括为以下几个方面。

①实现真正意义上的软件部件的"即插即用"。

②能够很好地实现软件模块的分工和分期开发。

③支持功能扩展,系统升级易实现。

但是,插件体系结构也存在着若干不利因素,具体表现在以下几个方面。

①与其他体系结构风格相比,插件体系结构风格的管理成本有所提高。

②系统维护困难,特别是接口规范的不完美性会使系统混乱。

插件风格的软件系统应用的实例有很多,如大家熟悉的 Photoshop 软件,还有 Eclipse 开发平台等。

3.3.5 面向服务体系结构风格

工作在 Internet 的新一代分布式计算平台上的面向服务的计算(Service Oriented Computing,SOC)能够实现将 Internet 上的大量资源转化成服务,以此使其成为软件系统应用开发的基本元素。资源转化成的服务,是一种集粗粒度、可发现、松耦合、自治为一身的分布式组件。而此所具有的一些独特特征,可以使面向服务的体系结构(Service Oriented Architecture,SOA)同传统软件架构两者具有显著的差别。通常,将由基于一定原则构成的一系列能够实现相互互交功能的服务用来处理软件应用开发的一种架构解决方案称为 SOA。因此,SOA 自身并不是某种具体的技术,其实质是一个组件模型,一种架构风格。伴随着建立在以服务为基础的各种技术标准的制定,SOA 越来越趋于完善,继而其逐渐转变为一种生产力,但由于要考虑服务管理、服务事务处理、服务之间的协同机制和安全等一系列问题,因此其仍具有很多挑战。从 1996 年 Gartner 公司第一次提出 SOA 这一新的概念至今,关于 SOA 的准确定义依旧无法被业内同行普遍认可、无法统一,不同企业与个人对 SOA 有各种各样的认知,但总体上能够分为狭义与广义两种:从狭义的角度来看,SOA 主要表现为一种架构风格,是建立在以服务、IT 与业务对齐作为原则基础上的 IT 架构方式;从广义的角度来看,SOA 被认为是含有编程模型、运行环境和方法论等的一系列企业应用解决方案以及企业环境,不单单仅为一种架构风格。可以说 SOA 覆盖了软件开发的整个生命周期,包括软件建模、开发、整合、部署、运行等。

3.3.6　异构体系结构风格

前面,我们对很多体系结构风格作了具体的描述,有经典的软件体系结构风格,还有新型的软件体系结构风格。每种体系结构风格之间并不是独立的,它们之间的联系很紧密。其实,在一个实际的系统中,我们并不能判断出它到底是哪种体系风格,它常常是某些体系结构的结合,这种复合系统的构建模式就是异构体结构风格。

图 3-34 是一个融合了分层体系结构风格、驱动事件体系结构风格、管道/过滤器体系结构风格、黑板风格、反馈控制结构风格、解释风格的虚拟系统异构体模型。为了把这个复杂的系统简单化,可以把整个系统看成是一个两层的分层结构。第 1 层是原始数据生成层,第 2 层是解释层。解释层通过原始数据生成层提供的接口,使用原始数据生成层提供的功能。在原始数据生成层,主要的组成部分是管道/过滤器子系统。第 1 个过滤器中的数据经过处理后,被送到第 2 个过滤器中,作为第 2 个过滤器的输入。同理当第 2 个过滤器接收到数据时,通过管道将处理后的数据传送到事件队列构件和服务提供对象构件中。当事件队列不为空时,事件驱动的动作机制会帮助系统激活相应的后续事件,完成任务。这又涉及了的驱动事件体系

结构风格。

　　第 2 个过滤器输出的数据传送到服务提供对象构件时,服务提供对象构件会把接收到的信息记录在像数据共享风格中的黑板的信息库里。这个信息库中存储着解决许多不同问题所需的数据,解决方案、控制规则等所有的信息。当"事件驱动"部分想要解决某些问题时,它就可以从信息库中调用解决该问题所需的数据、解决方案、规则等,使问题得到妥善解决。这部分可以被看成数据共享体系结构风格与反馈控制环风格的结合。

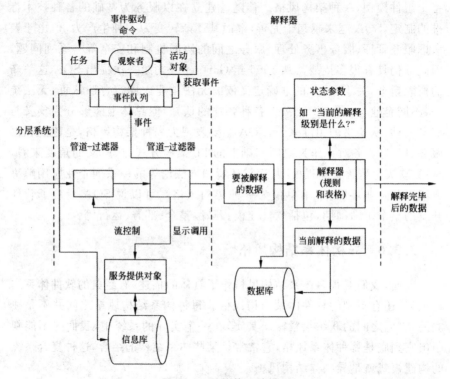

图 3-34　异构体系统模型

　　解释层对原始数据生成层提供的数据进行解释。当解释数据时,构件必须知道被结束数据当前的状态、解释规则和正在解释的数据上。因此这部分具有状态构件、规则构件和数据构件。被解释的数据,经过解释器每个状态的执行,不管结果是真还是假,相应的结果都会被记录到数据库中。最后,输出解释完毕的数据。

　　从这个例子中,根据系统复杂程度的不同,一个系统可能会融合几种不同的软件体系结构风格。所以我们不要受限于某种体系风格的具体形式,孤立地看待问题,要具体问题具体分析,灵活地应用各种体系结构风格。

参考文献

[1]覃征,邢剑宽,董金春.软件体系结构[M].北京:清华大学出版社,2008.

[2]李金刚,赵石磊,杜宁.软件体系结构理论及应用[M].北京:清华大学出版社,2013.

[3]沈军.软件体系结构[M].南京:东南大学出版社,2012.

[4]张友生.软件体系结构[M].北京:清华大学出版社,2006.

[5]孙玉山.软件设计模式与体系结构[M].北京:高等教育出版社,2013.

[6]王小刚,黎扬.软件体系结构[M].北京:北京交通大学出版社,2014.

[7]武装,程鸿.软件体系结构的研究与应用[M].北京:科学技术文献出版社,2014.

[8]张世龙.基于层次消息总线的考试系统体系结构研究[J].信息技术,2006.

第 4 章　软件体系结构的描述

本章对软件体系结构的描述方法进行了介绍。对非形式化方法与形式化方法作了比较,对一些经典的 ADL 形式化的描述语言做了简单介绍,最后介绍了动态软件体系结构及其描述方法。

4.1　IEEE1471 软件体系结构描述框架标准

优秀的体系结构设计是决定一个软件系统取得长期成功的关键因素。但是随着社会的进步,科技的发展以及软件系统规模的扩大以及程序逻辑复杂程度的提高,系统的设计问题早已不是简简单单的体系结构设计与计算设计。虽然有很多有用的体系结构范例(例如分层体系结构风格,层次消息总线体系结构风格,正交体系结构风格等),但是人们通常按照个人的经验和技巧对它们进行描述,没有一个统一的描述规范,使得体系结构设计难于理解,给设计者之间的沟通交流带来了很多不便,也难于进行形式化分析和模拟,不能对系统的一致性和完整性进行分析,并且缺乏相应的支持工具帮助设计师完成体系结构设计的工作。因此,形式化的、规范化的系统整体上的设计与描述已经成为业界不可避免的新问题。

4.1.1　IEEE1471 软件体系结构描述框架标准

为了解决软件密集系统的创建、分析和维持问题,使软件体系结构能够满足系统的目标属性,IEEE 计算机协会 在 2000 年 9 月制定了统一的软件体系结构描述标准,即 IEEE1471 软件体系结构描述框架标准。

IEEE1471 更像一个蓝图标准而不是一个构建规范。它没有定义需要来对任意特定系统进行描述的整个绘图,但它定义了相同的符号惯例。IEEE1471 最重要的组成部分为:

①对关键术语的定义,如体系结构描述、结构性视图与体系结构性视点。

②对体系结构与体系结构描述在概念上的分离促进了描述体系结构标准(与蓝图标准相类似)和构筑系统标准(与建筑规范或城市规划法规相类似)的建立。

③用于描述一个系统体系结构的内容要求。

4.1.2　IEEE1471 的体系结构描述要求

新标准依据其组成部分定义了一个体系结构描述的内容要求。

①一个体系结构描述必须规定系统的用户,确定体系结构的功能性、安全性、可行性等要求。

②一个体系结构描述必须被编入一个或多个系统的体系结构视图中。一个视图不仅仅是一个系统的任意的展示——它必须说出不同用户的要点,并且其构成必须恰到好处。为了提供一个最低限度的完整方案,至少有一个视图必须说出被确定用户的体系结构要点。

③一个体系结构描述必须为制定关键的结构性决策提供基本原则。这样可以得到设计师们权衡、取舍、或导致他们选择体系结构描述所形成的体系结构的解析的表述方式。

该标准也定义了体系结构描述的标准。符合这个推荐标准的体系结构描述应包括以下成分。

①体系结构设计的标识、版本、总体信息。

②系统参与者的标识,以及在体系结构中他们所关注方向的标识。

③组织体系结构表示所选择的视点的规格说明,以及这种选择的基本原理。

④一个或多个体系结构视图。

⑤体系结构描述所需的成分之间不一致的记录。

⑥体系结构选择的基本原理。

IEEE1471 仅仅提供了体系结构描述的概念框架,其体系结构描述实践应该遵循的规范,但在如何描述以及具体的描述技术等方面缺乏更进一步的指导[①]。

4.2　软件体系结构描述方法

目前,用于描述软件体系结构与框架的方法,常用的有两类。

①实践派风格,使用通用的建模符号,采用形式化的方法来直接表示软件体系结构。

②学院派风格,使用精确的、统一的体系结构描述语言。提供对体系结构和特征的分析工具和设计环境。

---

① 覃征.软件体系结构[M].北京:清华大学出版社,2008

4.2.1 实践派风格描述方法

在实践派风格中,将软件体系结构设计与描述同传统的系统建模视为一体。实践派风格包括图形表达工具描述方法、模块内连接语言描述方法、基于软构件的系统描述语言的描述方法以及 UML 描述方法。

1. 图形表达工具

软件体系结构描述方法有很多种,在众多的描述方法中,采用由矩形框和有向线段组合而成的图形表达工具是应用最广泛的方法。这种方法直观清晰,简单易懂。图 4-1 表示某软件辅助理解和测试工具的部分体系结构描述。由图 4-1 可以看出,在图形表达工具方法中,矩形框代表抽象构件,有向线段代表连接件。不同的构件之间通过交换连接件发送的异步消息进行通信。

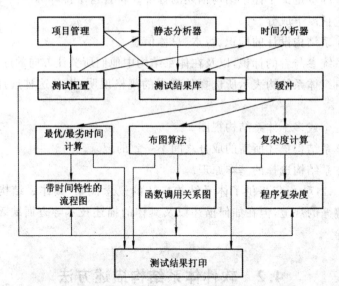

图 4-1 某软件辅助理解和测试工具部分体系结构描述

图形表达工具的方法存在着的主要问题就是术语和表达语义不规范、不准确,但这并不影响它在软件设计中的地位,仍被软件开发设计人员广泛使用。

为了克服图形表达工具的方法中术语和表达语义不规范、不准确的问题,相关研究者正努力通过增加含有语义的图元素的方式来开发图文法理论。

2. 模块内连接语言

模块内连接语言（Module Interconnection Language，MIL）也是对软件体系结构进行描述的一种方法。MIL 的基本思想是：将一种或几种传统程序设计语言的模块连接起来对软件体系结构进行描述。

MIL 主要对较大的软件单元进行描述，这主要是因为程序设计语言和模块内连接语言对语义基础的要求较严格。使用 MIL 对软件体系结构进行描述的方法有很多。例如，Ada 语言采用 use 实现包的重用，Pascal 语言采用过程（函数）实现模块的交互。

MIL 方式对程序设计语言的依赖性较大，这就限制了它的应用场合，特别是对抽象的高层次的软件体系结构。在模块化的程序设计和分段编译等技术中，模块内连接语言发挥着巨大的作用。

3. 基于软构件的系统描述语言

采用基于软构件的系统描述语言是对软件体系结构进行描述的又一种方法。基于软构件的系统描述语言是一种以构件为单位的软件系统描述方法，主要对由许多以特定形式相互作用的特殊软件实体组成的系统进行描述。

例如，Danwin 最初用作设计和构造复杂分布式系统的配置说明语言，因其有动态特性，也可用来描述动态体系结构。

基于软构件的系统描述语言方法的缺点主要可以概括为以下几点。
①限制了应用场合。只面向特定应用的特殊系统，对一般系统不适用。
②面向的对象层次较低。

4. UML 描述方法

UML 是一种通用的可视化建模语言。可以面向各种应用领域，对任意的具有动态结构和静态结构行为的系统进行建模。UML 统一了建模的基本元素及其语义、语法和可视化的表示方法。

实践派将体系结构看成开发过程的蓝本，强调的是实践的可行性而不是精确性。提供通用目标的解决方案。

4.2.2 学院派风格描述方法

与实践派风格不同的是，学院派风格强调软件体系结构形式化理论的研究而不是实践的可行性。在学院派风格中，倡导使用体系结构描述语言来刻画软件的框架结构。通常，体系结构语言（ADL）提供了一个概念框架和一套具体的语法规则,用于描述软件的体系结构。

ADL 是软件体系结构研究的核心问题之一。为了支持基于体系结构的软件开发,把信息准确地、无二地传递给所有的开发者和使用者,需要对系统框架进行规范化表示,ADL 和与之相适应的工具集正好可以解决这一问题。ADL 是使用严格的语法、语义、公式和符号对体系结构进行形式化描述的一种行之有效的方法,可以解决非形式化描述方法语义不精确等不足和缺陷。同时,ADL 吸收了传统程序设计中的语义严格精确的特点,对软件体系结构的抽象模型层面进行相关分析和测试,更好地支持软件体系结构的分析、求精、验证和演化。为软件体系结构的描述提供较为完善的方法。

学院派风格的特点是,模型单一,具有严格的建模符号,注重体系结构模型的分析与评估,给出强有力的分析技术,提供针对专门目标的解决方案。

4.3　软件体系结构的描述语言

4.3.1　非形式化的描述语言

UML(Unified Modeling language,统一建模语言)是一种通用的可视化建模语言,它建立在对象模型概念基础上,提供了标准的系统建模方法,可以对任何具有静态结构和动态行为的系统进行建模。UML 的统一性在于:其所提供的概念可以统一已有的各种建模方法(即它是基于各种建模方法和技术的经验总结而建立,是集体智慧的结晶),在系统开发的各个阶段具有一致性,可以面向各种应用领域系统的建模。也就是说,UML 统一了建模的基本元素及其语义、语法和可视化表示方法。

UML 的概念模型主要包括三个要素:UML 基本构造块、支配这些构造块如何放在一起的规则和一些运用于整个 UML 的通用或公共机制。UML 中有三种基本构造块,分别是事物、关系和图。事物是对模型中最具代表性的成分抽象,是最基本的建模元素;关系将事物结合在一起,也是最基本的建模元素;图是相关事物的聚集,是复合的建模元素。图 4-2 是从使用的角度对 UML 图的分类。

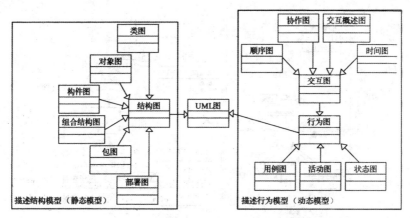

图 4-2　从使用的角度对 UML 图的分类

UML 中的各种概念及其可视化表示如图 4-3 所示。

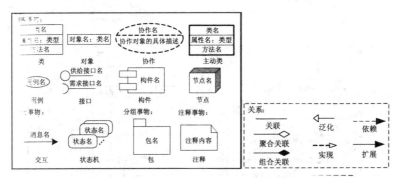

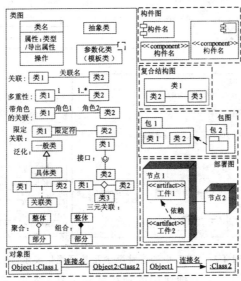

图 4-3　UML 中的各种概念及其可视化表示

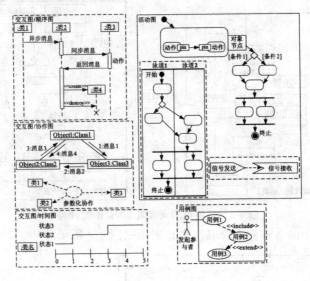

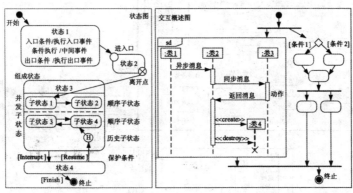

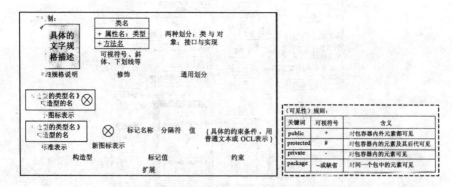

图 4-3　UML 中的各种概念及其可视化表示(续)

　　尽管 UML 提供了一种通用的系统建模方法,然而,本质上 UML 是一种离散的描述语言,适合对诸如由计算机软件、固件或数字逻辑构成的离散系统此类的系统建模,不适合对诸如工程和物理学领域中的连续系统此类的系统建模。对于一些专门领域,例如 GUI 的设计、超大规模集成电路(Very Large Scale Integration,VLSI)设计、基于规则的人工智能领域等,使用专门的语言和工具可能会更加方便。

4.3.2 ADL 构成要素

软件体系结构描述语言(ADL)是一种用于描述软件与系统结构的形式化的计算机语言,它在形式化的语法语义以及沿着定义的表述符号的模型支持下,为软件系统的概念体系结构建模提供具体语法和概念框架。并能够向设计者提供强而有力的分析工具、模式识别器、转化器、编译器、代码整合工具。构件、连接件、配置关系是组成 ADL 的不可缺少的三个基本元素。

构件是独立功能单元或者是计算单元。一个构件可能只是一个小的程序也可能是整个应用。构件作为一个封装实体,只能通过接口描述外部环境的需求。连接件是用来建立构件间交互的构建块,同时对参与交互的模块制定交互规则。作为建模的主要实体,连接件也有接口。连接件的接口定义了交互的参与者。体系结构配置描述了构件与连接件之间的关系。配置提供的信息可以用来判断构件与连接件之间是否匹配,所涉及的系统是否满足目标属性等,为设计师设计系统体系结构框架提供分析与验证。这也是 ADL 与众不同的地方。此外,一些 ADL 甚至可以支持系统动态描述,动态意味着系统结构可以在运行时发生变化,例如运行时构件添加、运行时构件移除、运行时重新配置等。

4.3.3 典型的软件体系结构描述语言

在软件体系结构研究领域中使用着各种不同的 ADL,每一种 ADL 都以独立的形式存在,不同的 ADL,描述方法不同,强调的重点也不同。但是不同的 ADL 之间也存在着某种联系,这给设计者的选择带来了极大的困难。下面对几种 ADL 进行详细的介绍。

1. UniCon

UniCon 作为一种体系结构描述语言,支持异构型组件和连接件。构件代表了系统的功能和计算的场所,将计算和数据进行分离,被分离的每个部分都有自己的完善的语义和行为。不同构件之间的通信必须通过连接件来进行。UniCon 的主要目的在于支持对体系结构的描述,对需要不同交互模式的组件加以区分,并且对组件交互模式进行定位和编码。UniCon能实现的目标可以概括为以下几点。

①支持对现有组件的使用。

②提供对组件和连接件的统一的访问。

③区分不同类型的组件和连接件,以便对体系结构配置进行检查。

④支持不同的表示方式和不同开发人员的分析工具。

Unicon 中,构件以及连接件是通过对类型定义、特性列表以及交互点的定义来描述的。构件、连接件以及接口的具体定义语法与实现语法如下。

①定义构件的语法。

<component>＝＝COMPONENT<identifier>

    <interface>

    <component_implementation>

    END<identifier>

②定义接口的语法。

<interface>:＝＝INTERFACEIS

     TYPE<component_type>

     <property_list>

     <player_list>

<component_type>:＝＝

 Module|Computation|SharedData|SeqFile|FiltedProeess|General

③定义构件实现的语法

<component_implenmentation>:＝＝

<primitive_implenmentation>|<composite_implementation>

<primitive_implenmentation>＝IMPLEMENTATIONIS

       <property_list>

       <variant_list>

      ENDIMPLEMENTATIONIS

<composite_implenmentation>＝IMPLEMENTATIONIS

       <property_list>

       <composite_statement_list>

      ENDIMPLEMENTATIONIS

<connector>:＝＝CONNECTOR<identifier>

    <protocol>

    <connector implementation>

    END<identifier>

④定义连接件的语法.

<connector>:＝＝CONNECTOR<identifier>

                <protocol>

                <connector implementation>

           END<identifier>

⑤定义连接件实现的语法

<connector_implementation>:＝IMPLEMENTATION IS

                                BUILTIN

                    ENDIMPLEMENTATION

下面通过一个采用客户/服务器体系结构的系统再结合上面所介绍的UniCon中构件、连接件具体的定义语法与实现语法来介绍UniCon是如何对系统进行描述的。在该系统中,有两个任务共享同一个计算机资源,也就是说该系统中有两个构件一个连接件,这种共享通过远程过程调用(remote procedure Call,RPC)实现。

```
Component Real_Time_System
    interface is
    type General
    implementation is
        uses client interface rtclient
        PRIORITY(10)
        ...
        end client
        uses server interface rtserver
            PRIORITY(10)
        end server
        establish RTM－realtime－sched with
        client. application1 as load
        server. application2 as load
        server. services as load
        algorithe(rate_monotonic)
        ...
        end RTM－realtime－sched
        estalbish RTM－remote－proe－call with
            client. timeget as caller
            server. timeger  as  definer
```

```
                    IDLTYPE(Mach)
            end RTM－remote－proc－call
            …
end Real－Time－System
connectorRTM－realtime－sched
Protocol is
        type RTScheduler
        Role load is load
    end protocol
    Implementation is builtin
    end implementation
    end RTM－realtime－sched
```

2. Wright

由卡内基梅隆大学的 Robert Allen 和 David Garlan 提出了一种 ADL，能够提供形式化描述基础，当在体系结构的连接时，他们称其为 Wright。其核心是用明确的语义实体描述连接件，而这些明确的语义实体通过协议的集合形式表示，相互交互的参与角色及他们的相互作用关系通过协议来表示。Wright 可以提供用来显式和独立的连接件规约，并且能够满足复杂连接的定义。Wright 用来定义连接件和构件的实例，能够在相对应的端口与角色两者间建立连接，继而实现确定系统内配置关系。此外，Wright 还可以实现对构件之间的交互的形式化与分析。由协议（Protocol）定义的连接件，其形象地描述出了与连接件相连的构件行为。由自身接口与行为定义出的构件，能够说明各接口间是如何通过构件的行为具有相关性的。如果构件和连接件的实例均被确定，那么就能够通过构件的端口与连接件角色之间的连接来完成系统组合的设计。

可以实现对体系结构以及抽象行为的精确表达，能够实现对体系结构风格的准确定义以及能够实现体系结构描述进行一致性和完整性等性能的检查是 Wright 具有的主要特征。通常，由构件、连接件以及两者组合描述出的结构为体系结构。而在 Wright 中，将体系结构风格定义为由描述能在该风格中使用的构件和连接件以及刻画如何将它们组合成一个系统的一组约束，基于此，可以通过 Wright 为某一特定体系风格进行检查，除了异构风格所构成的系统。Wright 能够提供的一致性与完整性检查包括 Port－computation 一致性、连接件死锁、Roles 死锁、Port－role 相容性、风格约束以及粘合完整性等。

　　下面通过用 Wright 对管道/过滤器风格体系结构中的连接件来说明 Wright 是如何对系统进行描述的。在下面的例子中，定义了 Pipe 连接件，与它相连的两个构件是 Writer 和 Reader。其中"→"表示事件变迁，"√"表示过程成功地终止，"□"表示确定性的选择。

connector Pipe＝
　　　　role Writer＝writer→Writer⊗close→√
　　　　role Reader
　　　　　　let ExitOnly＝close→√
　　　　　　in let DoRead＝(read→Reader⊗read－eof→ExitOnly)
　　　　　　in　DoRead⊗ExitOnly
　　　　glue＝let ReadOnly＝Reader. read→ReadOnly
　　　　　　　　⊗Reader. read－eof→Reader. close→√
　　　　　　　　⊗Reader. close→√
　　　　In let WrithOnly＝Writer. write→WriterOnly⊗Writer. close
→√
　　　　In Writer. writer→glue
　　　　⊗Reader. read→glue
　　　　⊗Writer. close→ReadOnly
　　　　⊗Reader. close→WriteOnly

3. C2

　　C2 是一种基于构件和消息的软件体系结构描述语言，采用事件的风格，主要对用户界面系统进行描述。

　　在 C2 中，不同构件之间通过连接件来进行消息的传递，而构件负责维持状态、执行操作。每个构件和连接件都有一个"顶部(top)"和"底部(bottom)"，它们是构件之间进行消息传递的接口。每个接口包含一组可发送的消息和一组可接收的消息。构件之间的消息有两种，一种是向上发送请求，接收到请求的构件需要执行相应的操作，另外一种是向下发送通知，告知哪部分发生了改变。构件之间的消息交换不能直接进行，而只能通过连接件来完成。一个连接件可以和很多构件或连接件相连，但构件则不能，它只能与一个连接件相连。

　　C2 中，向下发送通知消息，是构件自身的改变，是在构件内部进行的，而和接收消息的构件的需求无关。这种约束使系统的底层独立性得到了有效的保证。这就使得如果一个系统中有多个底层构件，那么这个系统就可以复用 C2 构件。C2 对构件和连接件的实现语言、实现构件的线程控制、构件的部署以及连接件使用的通信协议等都不加任何限制。

下面是 C2 对构件的一个描述：

Component₁₁ =

Component   component_name is

    interface component_message_interface

    parameters component_parameters

    methods component_methods

    [behavior component_behavior]

    [context component_context]

end component_name;

Component_message_interface₁₁ =

    top_domain_interface

    bottom_domain_interface

    top_domain_is

    out interface_requests

    in interface_notifications

bottom_domain_interface₁₁ =

    bottom_domain_is

    out interface_notifications

    in interface_requests

interface_requests₁₁ =

    {request;} | null;

interface_notifications₁₁ =

    {notification;} | null;

request₁₁ =

    message_name(request_parameters)

request_parameters₁₁ =

    [to component_name][parameter_list]

notification₁₁ =

    message_name[parameter_list]

下面通过用 C2 对会议安排系统进行描述，来说明 C2 是如何对系统进行描述的。图 4-4 为 C2 风格的会议安排系统结构图。

由图 4-4 可以看出，这是一个包含三个构件（Meeting－Initiator、At-tendee、Important－Attendee），三个连接件（MainConn、AttConn 和 Impor-tant AttConn）的 C2 风格的体系结构系统。MeetingInitiator 构件通过发

送会议请求信息给 Attendee 和 ImprotantAttendee 来进行系统初始化。Attendee 和 ImprotantAttendee 接收到 MeetingInitiator 发送的请求信息，执行相应的操作。Attendee 和 ImportantAttendee 构件可以给 MeetingInitiator 发送通知消息，告诉 MeetingInitiator 自己喜欢的会议日期、地点等信息，MeetingInitiator 会记录接收到的信息，并作出相应的调整，保证所有会议的正常进行。

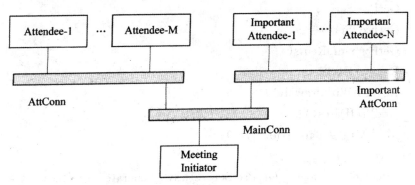

图 4-4 C2 风格的会议安排系统结构图

MeefingInifiator 构件的描述如下：

    Component Meeting Initiator is
    interface
      top_domainis
      out
        GetPreSet();
        GetExclSet0;
        GetEquipReqts0;
        GetLocPrefs0;
        RemoveExclSet0;
        RequestWithdrawal(to Important Attendee);
        AddPrefDates0;
        MarkMtg(d:date;1:lov_type)
      in
        PrefSet(p:date_mg);
        ExclSet(e:date_mg);
        EquipReqts(eq:equip_type);
        LocPref(1:loc_type);
      interface

```
bottom_domain  is
out
    PrefSet(p:date_mg);
    ExclSet(e:date_mg);
    EquipReqts(eq:equip_type);
in
    GetPrefSet();
    GetExclSet()
    GetF-xlmpReqts();
    RemoveExclSet();
    RequestWithdrawal();
    AddPrefDates();
    MarkMtg(d:date;l:loc_type);
behavior
    received_messages   GetPrefSet  always_generate  PrefSet;
    received_messages   AddPrefDates  always_generate  PrefSet;
    received_messages   GetExclSet  always_generate  ExclSet;
    received_messages   GetEqipReqts  always_generate  EqipReqts;
    received_messages   RemoveExclSet  always_generate  ExclSet;
    received_messages   ReuestWithdrawal  always_generate  null;
    received_messages   MarkMtg  always_generate  null;
end  Attendee;
Component  ImportantAttendee  is  subtype  Attendee(in  and
beh)
interface
bottom_domain  is
out
    LocPrefs(l:loc_type);
    ExclSet(e:date_mg);
    EquipReqts(eq:eqmp_type);
in
    GetLocPrefs();
behavior
received_messages  GetLocPrefs  always_generateLocPrefs;
endImportantAttendee;
```

— 102 —

有了 MeefingInifiator 构件的描述就可以得到下面的会议安排系统的结构描述。

```
architecture   MeetingScheduler   is
   conceptual_components
      Attendee；ImportantAttendee；MeetingInitiator；
   connectors
      connector   MainConn   is   message__fdter   no_filtering；
      connector   AttConn   is   message_filter   no_filtering；
      connector   ImportantAttConn   is   message_filter   no_filtering；
   architecture_topology
      connector   AttConn   connections
         top_ports   Attendee；
         bottom_ports   MainConn；
      connector   ImportantAttConn   connections
         top_ports   ImportantAttendee；
         bottom_ports   MainConn；
      connector   MainConn   connections
         top_ports   AttConn？ImportantAttConn；
         bottom_ports   MeetingInitiator；
   end   MeetingScheduler；
```

4. ACME

ACME 作为 ADL 中的一种，不仅可以对体系结构进行描述还可以描述体系结构之间的互换。不同 ADL 之间的转换可以通过 ACME 来实现[①]，这也是 ACME 与其它 ADL 的不同之处。ACME 的基本特征可以概括为以下几点。

①提供了一种开放式的语义框架，可以对 ADL 的一些相关属性进行注释。

②ACME 中可以使用一阶谓词逻辑来检查体系结构是否满足特定的约束。

③可以从结构、属性、约束等不同的方面对系统进行描述，并可以对系统进行相应的扩展。

④可以使用 ACME 的模板机制描述不同 ADL 之间的共性。

① 付燕.软件体系结构实用教程[M].西安:西安电子科技大学出版社,2009

⑤表示方法灵活,不同的 ADL 之间能够实现分析方法和工具的共享。

ACME 的描述元素有 7 种,它们分别是构件、连接件、系统、端口、角色、表述、表述图。图 4-5 给出了 ACME 描述的元素的示意图。

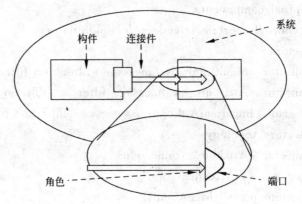

图 4-5 ACME 描述的元素

ACME 支持体系结构的分级描述。特别是每个构件或连接件都能用一个或多个更详细、更低层的描述来表示。在 ACME 中,每个这样的描述被称为一个表述。ACME 可以通过使用多个表述来表达系统的多种视图,如图 4-6 所示。

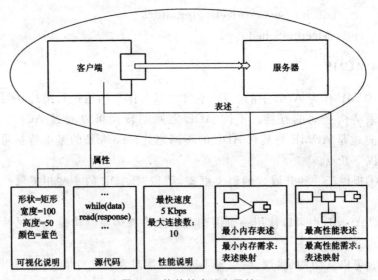

图 4-6 构件的表述和属性

ACME 的 7 种元素足以用来定义体系结构的层次结构,但是,体系结构还包含有许多其他附加信息,而且不同的 ADL 里增加的描述信息不尽相同。作为一种用于交流的 ADL,ACME 为了解决这一问题,使用属性列表来表示对于结构的说明信息。每一个属性由名字、可选类型和值构成。对 7 种设计实体里的任何一种都可以加注释。从 ACME 的观点来看，属性是不被解释的值。仅当属性被开发工具用于分析、转换、操作等时，它才是有用的。

　　下面通过对 C/S 结构进行描述，来说明 ACME 是如何对系统进行描述的。带有表述的 C/S 结构如图 4-7 所示。

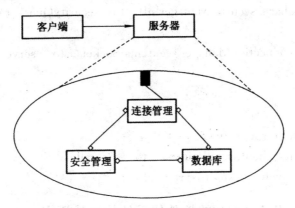

图 4-7　带有表述的 C/S 结构

```
System   simple_CS={
    Component   client={…}
    Component   server={
    Port   receiveRequest;
    Representation   serverDetails={
        System   serverDetailsSys={
    Component   connectionManager={
    Ports{extemalSoeket? securityChecklnff? dbQueryInff;}}
    Component   securityManager={
    Ports{securityAuthorization? credentialQuery;}}
    Componentdatabase={
    Ports{securityManagementIntf? credentialQuery;}}
        ConnectorSQLQuery={Roles{caller? callee   }}
        Connector   clearanceRequest=f   Role{requestor;grantor}}
        Connector   securityQuery"{R0les{securityManager;requestor}}
        Attachments{
            ConnectionManager. security CheckIntf to clearance Request;
requestor;
```

SecurityManager. securityAuthorization to clearanceRequest；grantor；

ConnectionManager. dbQueryIntf to SQLQuery；caller；

Database. queryIntf to SQLQuery. callee；

securityManager. credentialQuery to securityQuery. security-Manager；

database. securityManagerlnff to securityQuery. requestor；}

}

Bindings｛connectionManager？extemalSocket to server，receiveRequest；

}

}

Connector rpc＝｛…｝

Attachments｛client. sendRequest to rpc. caller；

Server. receiveRequest to rpc. callee｝

4.3.4　基于 XML 的软件体系结构描述语言

由前面的章节可知,ADL 虽然能够准确地对软件体系结构的框架进行描述,但它的语法理论复杂,不适合大范围的推广。XML（Extensible Markup Language,可扩展标记语言）也是软件体系结构描述语言的一种,与 ADL 相比简单,容易理解,易于实现,因此被越来越多的设计师使用。XML 的体系结构描述语言有很多,如 XADL2.0、XBA、XCOBA、ABC/ADL 等。下面主要对 XADL2.0 进行介绍,来了解 XADL2.0 是如何对系统的体系结构进行描述的。

XADL2.0 的性质可以归纳为以下几点。

①结构扩展性好。

②是一个对模型描述的集合的 XML 体系结构语言。

③能够随着模型的增加或者模型的扩展而发展成模型集。

④与 ADL 不同的是,XADL2.0 不用逐步定义系统的构成以及行为的约束和规则。

XADL2.0 模式最经典的部分是在 instances. xsd 文件中定义的实例模式。实例模式定义了体系结构的构成的“最小公分母”和语义的中立者。

在实例模式结构中定义了五个方面的内容,分别是构件实例（包括子体系结构）、连接件实例（包括子体系结构）、接口实例、连接实例和通用组。所有这些内容都归类在一个称为 Archlnstance 的顶层元素下。每一个

ArchInstance 元素对应一个概念上的体系结构单元。这些元素的 XML 关系如图 4-8 所示。

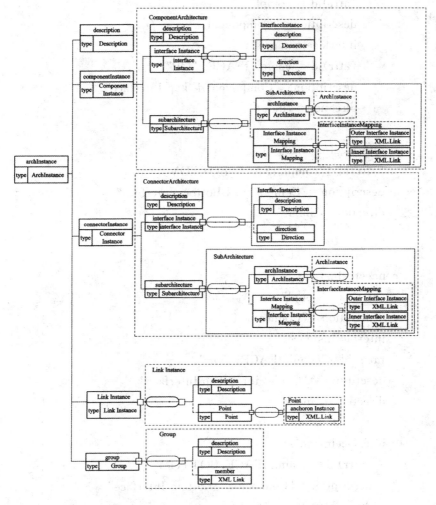

图 4-8 构件、连接件、连接实例及群组图

构件、连接件、接口和连接的关系如图 4-7 所示。在图 4-7 中连接的端口是接口，接口是构件和连接件与外部联系的"网关"。

下面通过对图 4-9 进行描述，来说明 XADL2.0 是如何对系统进行描述的。

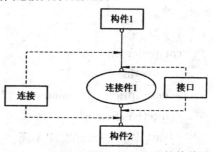

图 4-9 构件、连接件、接口和连接的关系

```
archlnstance{
  compoinetInstance{
    (attr)id="compl"
    description="Component 1"
    interfaceInstance{
    (attr)id="compl. IFACE_TOP"
    description="Component 1 Top Interface"
    direction="inout"
  }
  interfaceInstance{
  (attr)id="compl. IFACE_BOTTOM"
  description="Component 1 Bottom Interface"
  direction="inout"
  }
}
connectorInstance{
  (attr)id="connl"
  description="Connector 1"
  interfacelnstance{
  rattr)id="connl. IFACE_TOP"
  description="Connector 1 Top Interface'
  direction="inout"
  }
  interfacelnstance{
    (attr)id="colinl. IFACE_BOTTOM'
    description="Connector 1 Bottom Interface"
    direction="inout"
  }
}
componentInstance{
  (attr)id="comp2"
  description="Component 2"
  inteffacelnstance{
  (attr)id="comp2. IFACE_TOP"
  Description="Component2 Top Interface"
```

```
        direction="inout"
    }

    inteffaceInstance{
    (attr)id="comp2. IFACE_BOTTOM"
    description="Component 2 Bottom Interface"
    direction="inout"
    }
}
linkInstance{
    (attr)id="linkl"
    description="Compl to Connl Link"
    point{
        (link)anchorOnInterface="#compl. IFACE_BOTTOM"
    }
    point{
    (1ink)anchorOnInterface="#connl. IFACE_TOP"
    }
}
linkInstaace{
    (attr)id="link2"
    description="Connl t0 Comp2 link"
    point{
        (link)anchorOnIntcrface="#connl. IFACE_BOTTOM"
    }
    point{
    (link)anchorOnIntcrface="#comp2. IFACE_TOP"
    }
}
}
```

4.4 动态软件体系结构及其描述

4.4.1 动态软件体系结构

随着社会的进步,软件技术的不断发展和应用程序逻辑复杂性的提高,软件体系结构静态描述方法已经不能适应越来越多的运行时所发生的系统需求变更,在这种环境下,许多学者和技术实现人员提出了动态软件体系结构(Dynamic Software Architecture,DSA)。

如果将软件体系结构简化为一组运行时构件、连接器和它们之间关系的集合,那么 DSA 就是可以改变这些元素,以及改变它们组合关系的软件体系结构。在运行时刻,体系结构相关信息的改变可以触发和驱动系统自身的动态调整[①]。除此之外系统自身所做的动态调整也可以反馈到体系结构这一抽象层面上来。DSA 的动态调整不能破坏系统结构的正确性、完整性和一致性。因此,一些专家和学者更倾向于将 DSA 定义为"在运行时具有在校验和控制的监督下进行体系结构元素改变能力的体系结构"。

基于体系结构的软件动态性分为 3 个级别,如图 4-10 所示。其中,最低级别称为交互动态性(interactive dynamism),仅仅要求定结构中的动态数据交流;第二级别是结构动态性(structural dynamism)允许结构的修改,即构件和连接件实例的创建、增加和删除;第三级别称为体系动态性(architectural dynamism),允许软件体系结构的基本构造的变动:即结构可以被重定义,例如新的构件类型的定义。

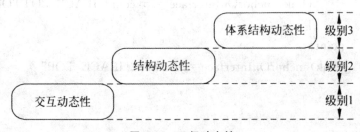

图 4-10 三级动态性

CBDA(Component Based Dynamic Architecture)即所谓的基于构件的动态体系结构模型,它是一种典型的动态更新框架,结构如图 4-11 所示。CBDA 模型支持系统的动态更新,主要包括应用层、中间层和体系结构层。

---

① 周华.软件设计与体系结构[M].北京:科学出版社,2012

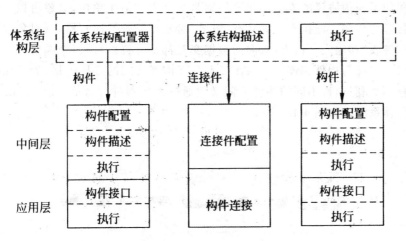

图 4-11 CBDA 的三层结构模型

4.4.2 动态软件体系结构的描述

一般来说,软件体系结构的描述分为两部分:与结构相关的描述和与行为相关的描述。在动态软件体系结构中的重点是那些在运行时对结构进行改变的行为。因此,就要找到一种形式化方法来支持描述和校验。这一类形式化方法的一部分被称为"进程代数",它们具有模块化的性质,经常用于描述合成结构(composition structure),特别是运行时的合成结构,在进程代数中,以序列化的方式执行的一系列行为被抽象为进程(Process)。行为的交互被简化为进程的合成。

对动态体系结构来讲,进程应当能够在其宿主(如构件和连接器)上进行操作。这些操作包括控制宿主的生存状态(添加、激活、冻结、删除等),重新设置宿主与外界的关系(绑定、解绑定等),或对宿主内部结构进行演化。目前最主流的形式化语言之一是 π 演算(sangiorgi,2001)。这种进程代数是为移动系统建模设计的,而移动系统本身就需要动态软件体系结构。

对 DSA 进行描述的语言有很多,例如 π−演算、CHAM 方法、CommUnity 方法等等。π−ADL 是典型的高阶 π 演算方法,是对动态软件结构进行描述的一种 ADL. π−ADL 是一种形式化、理论基础扎实的语言,采用运行时的视点对系统进行描述。π−ADL 的基本元素包括构件,连接器和行为。所有这些元素都随着时间而演化。构件和连接器都由一组外部端口和内部行为来表示。构件和连接器的不同之处在于它们在软件体系结构中扮演的角色:构件是进行某种计算工作和数据访问维护的体系结构元素的抽象;而连接器则在多个体系结构元素中充当交互通道。端口被描述成一组附加了通信协议的连接。而连接则是交互中的最小单位，对象可以经由连接进行传递。连接有 3 种状态：输出（对象仅能被发送）、输入（对象仅仅能被接收）和输入—输出（双向的数据交互都是允许的）。一个端口可以和很多连接件与构件相连。π—ADL 不允许构件之间的直接连接，为了保证通信的顺利进行，不同的构件之间必须通过连接器进行通信。π—ADL 的软件体系结构如图 4-12 所示。

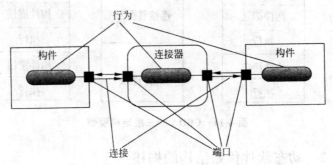

图 4-12　π—ADL 建立的软件体系结构模型

构件和连接器可以通过组合机制来展示它们的内部结构。值得注意的是，组合本身就是一种可以在运行时期间执行的动作。通过动态组合，就可以在运行时创造新的构件。组合构件和组合连接器也具有外部端口和内部体系结构元素，内部元素和外部端口具有绑定关系。因此，就像 π—演算中的名称那样，端口也可以设置约束，用于表示哪些端口仅供内部使用。特别的，整个系统的体系结构本身也是组合得到的：一个体系结构可以包含子体系结构。在 π—ADL 中，体系结构，构件和连接器均被形式化的规约为包含行为的具有类型的抽象。

π—ADL 的形式化系统以层的方式来定义：

①Base Layer(π—ADL_B)：这个层次定义了描述类型化行为的基本的语言要素。更具体地讲，它定义了空（void）数据类型、连接、抽象和行为基类型 Behavior。

②First—Order Layer(π—ADL_FO)：这个层次扩展了 π—ADL_B，定义了具体的基类（Natural、Integer、String、Any 等），构建类型构造器（tupie、view、location 等）和集合类型构造器（sequence、set 和 bag）。连接移动性也在这里定义。

③Higher—Order Layer(π—ADL_HO)：这个层次扩展了 π—ADL_FO，定义了所有一级语言要素，包括行为动态性（高阶 π—演算中的进程移动性）。

图 4-13 是一个构件 DataConverter 的结构。下面通过对图 4-13 的构件进行描述来了解 π—ADL 的一些语法。

— 112 —

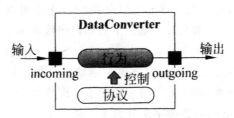

图 4-13　DataConverter 的结构

　　DataConverter 的结构包含学生信息转换为分离的数据。它首先定义了 5 种值类型，其中 3 种是基本值类型的别名，两种使用 tuple 来构造。然后定义了两个端口。端口 incoming 负责通过输入连接 in 接受学生数据。端口 outgoing 利用连接 out 输出分离的数据。描述行为的那段（behavior）描述了 DataConverter 是怎样工作的。它接收 StudentInfo 类型的值对象，并映射到 3 个域（id、name 和 info）中，最后发送出只包含学生 ID 和名称的简单对象。之后的协议（protocol）要求在接收下一个 StudentInfo 对象之前，DataConverter 必须先把当前简化的学生信息对象发出去。

```
component DataC0nverter is abstraction(){
    typeID is Natural. type Name is String. typeInfo is Any.
    type StudentInfoEntry is tuple[ID,Name,Info].
    type SimpleStudentlnfoEntry is tuple[ID. Name].
    port incoming is{connection in is in(Entry)}.
    port outgoing is{connection out is out(SimpleStudentInfoEntry)}.
    behavior is{
        Via incoming：：in receive entry：StudentInfoEntry.
        project entry as id，name，info.
        Via outgoing：：out send tuple(id. name)
    }
}assuming{
    protocol is{(Via incoming：：in receive any. true＊.
            Via outgoing：：out send any)＊}
}
```

　　π－ADL 允许将若干构件和连接器合并。关键字 compose 等价于 π－演算中的并行合并运算符（|）。所有参与到合并的构件和连接器必须并行地执行，并通过共享的连接进行交互。一般来讲，具有同样名称的连接被认为是相同的连接。但为了解耦合，在整个系统最终整合起来之前，没有必要定义全局可访问的连接。因此，π－ADL 引入了 connection unification 语

句块来解决这个问题。此外在 π－ADL 的组合中也可以定义行为,以便动态的创建构件、连接器和配置关系。下面的代码段展示了上述的这些功能。如果 z 的值比 1 大,则一个 Client 构件,一个 Server 构件,以及一个 Channel 连接器被创建,之后它们的配置也被创建了。如果这个行为多次执行,就可以创建这些体系结构元素的多个实例,并被激活使用。类似地,π－ADL 还提供 decompose 关键字来分解子系统。

```
behavior is{
         ⋮
   if x>1
   then compose{c is Client()and s is Server()and a ch is Channel()}
   where{
             c∶∶outClient unifies ch∶∶inChannel
         and      s∶∶inServer unifies ch∶∶outChannel
   }
   else
      done
   ⋮
}
```

参考文献

[1]付燕.软件体系结构实用教程[M].西安:西安电子科技大学出版社,2009.

[2]刘其成.软件设计与体系结构[M].北京:中国铁道出版社,2012.

[3]沈军.软件体系结构[M].南京:东南大学出版社,2012.

[4]张友生.软件体系结构[M].北京:清华大学出版社,2006.

[5]王映辉.软件结构与体系结构[M].北京:机械工业出版社,2009.

[6]周华.软件设计与体系结构[M].北京:科学出版社,2012.

[7]武装,程鸿.软件体系结构的研究与应用[M].北京:科学技术文献出版社,2014.

[8]李金刚,赵石磊,杜宁.软件体系结构理论及应用[M].北京:清华大学出版社,2013.

[9]吴坚,吴刚.软件质量模型的研究[J].计算机工程与科学,2006.

第5章　软件体系结构与软件质量

在软件工程的概念还未出现时，人们不了解软件质量，随后出现了软件危机。20世纪70年代后出现软件工程的概念，软件开发工程化、标准化，软件得到进一步发展，但软件质量仍然是个大问题。

5.1　软件质量属性

5.1.1　软件质量与质量属性

关于软件质量的定义，尚无统一认定：根据国际标准组织（ISO）的定义，质量是依靠特定的能力满足特定需要的产品或服务的全部功能和特征。该定义说明了质量是产品的内在特征，即软件质量是软件自身特性。

另一些学者认为，质量不仅是指软件产品，还包括客户以及相关利益和服务，质量的好坏会随着时间响应、用户满意度和环境的改变而改变，因此软件的质量作为产品或服务需要的功能特征，也必须定义与客户和环境相关的内容。

质量属性是一个组件或一个系统的非功能性特征。软件质量在IEEE 1061中定义，体现了软件拥有所期望的属性组合的程度。另一个标准 ISO/IEC Draft9126－1定义了一个软件质量模型。依照这个模型，共有6种特征，即功能性、可靠性、可用性、有效性、可维护性和可移植性，且它们被分成子特征，根据各个软件系统外部的可见特征来定义这些属性。

1. 性能

性能（performance）是指系统的响应能力，即经过多长时间才能对某个事件做出响应，或在某段时间内系统所能处理的事件个数。常用单位时间内所处理事务的数量或系统完成某个事务处理所需的时间来对性能进行定量的表示。性能测试常要使用基准测试程序（用以测量性能指标的特定事务集或工作量环境）。

2. 可靠性

可靠性（reliability）是软件系统在应用或系统错误面前，在意外或错误使用的情况下维持软件系统的功能特性的基本能力。可靠性是最重要的软件特性，通常用它衡量在规定的条件和时间内，软件完成规定功能的能力。可靠性通常用平均失效等待时间（Mean Time To Failure，MTTF）和平均失效间隔时间（Mean Time Between Failure，MTBF）来衡量。在失效率为常数和修复时间很短的情况下，MTTF 和 MTBF 几乎相等。通常主要看以下两个方面。

①容错。主要是在错误发生时确保系统正确的行为，并进行内部"修复"。

②健壮性。主要是为了保护应用程序不受错误使用和错误输入的影响，在遇到意外错误事件时确保应用系统处于已经定义好的状态。健壮性只能保证软件按照某种已经定义好的方式终止执行。软件体系结构对软件系统可靠性影响巨大。

3. 可用性

可用性（availability）是系统能够正常运行的时间比例。常用两次故障之间的时间长度或在出现故障时系统能够恢复正常的速度来表示。

4. 安全性

安全性（security）是指系统在向合法用户提供服务的同时能够阻止非授权用户使用的企图或拒绝服务的能力。安全性主要涵盖机密性、完整性、不可否认性及可控性等特性。

5. 可修改性

可修改性（modifiability）是指能够快速地以较高的性能价格比对系统进行变更的能力。通常以某些具体的变更为基准，通过考察这些变更的代价衡量可修改性。可修改性主要包含 4 个方面。

①可维护性（maintainability）。是在错误发生后"修复"软件系统。

②可扩展性（extendibility）。一般是利用新特性扩展软件系统，替换或删除不需要或不必要的特性和构件。一般要求软件系统具有松散耦合的构件。

③结构重组（reassemble）。这一点处理的是重新组织软件系统的构件及构件间的关系。

④可移植性（portability）。可移植性使软件系统适用于多种硬件平台、用户界面、操作系统、编程语言或编译器。一般是指系统能够在不同计算环境下运行的能力，具有硬件无关性，这里这些环境可以是硬件也可以是软

件，二者混合也可。

6. 功能性

功能性（functionality）是系统所能完成所期望的工作的能力。一项任务的完成需要系统中许多或大多数构件的相互协作。[①]

7. 可变性

可变性（changeability）是指体系结构经扩充或变更而成为新体系结构的能力。这种新体系结构应该符合预先定义的规则，在某些具体方面不同于原有的体系结构。

8. 集成性

可集成性（integrability）是指系统能与其他系统协作的程度。

9. 互操作性

系统的组成部分一般需要与外界环境交互，通常为支持互操作性（interoperation），软件体系结构必须为外部可视的功能特性和数据结构提供精心设计的软件入口。程序和通过其他编程语言编写的软件系统的交互都是互操作的相关问题。

10. 可测试性

可测试性表明软件系统在多大程度上容易被测试检查出缺陷。好的体系结构应该考虑到测试的需要。通常对开发完整的系统进行测试代价很大，若能在体系结构级别考虑测试（使测试便易）就会有很好回馈。当前体系结构领域的一个热点就是基于软件体系结构的测试。

软件质量属性的实现贯穿由设计、实现到部署的整个过程。没有任何一个质量属性是完全依赖于设计的，也不完全依赖于实现和部署。系统性能是一个既依赖于体系结构，但又不完全依赖于体系结构的质量属性。系统性能受各构件之间必须通信的数据量的制约（体系结构方面的），受每个构件所分配的功能的影响（体系结构方面的），受分配共享资源的方式的影响（体系结构方面的），同时也受所选择的实现某个功能的算法的限制（非体系结构方面的），受这些算法的编码方式的限制（非体系结构方面的）。

软件质量属性中存在 3 方面的问题：为属性提供的定义操作性差；一个

---

① 　王映辉.软件构件与体系结构[M].北京：机械工业出版社，2009

特定方面归属于哪一个质量属性意见不一;不同的属性团体对同一事件用词也不一致。前两个问题,人们提出通过质量属性场景作为刻画质量属性手段。对于第三个问题,多数通过捕捉各属性根本的关注点来说明质量属性中的基本概念。

5.1.2　软件体系结构和质量属性之间的关系

软件体系结构是实现质量需求的软件创建中的初级阶段,软件体系结构确定了对特定质量属性的支持,比如可修改性、安全性等。软件体系结构和质量属性的关系主要有:

①关键的质量属性需求是软件体系结构设计的重要驱动因素。

②软件体系结构是获取许多质量属性的基础,在体系结构设计过程中就应考虑到这些质量属性,并在体系结构层次上进行评估。

当然,质量属性既和体系结构有关,也和具体实现有关,软件体系结构为质量属性的实现提供了基础,但也不是全部。其关系主要体现在下面两点:

①一个质量属性的获取对其他质量属性可能产生正面或负面的影响。

②任何质量属性都不可能在不考虑其他属性的情况下单独获取。

例如,银行为保障安全性,使用各种加密手段,如网银盾、UKey 等,这必然要耗费较大的成本,就会影响系统部分性能,且易用性减低,但客户在安全方面得到满足使得网银和相关业务的使用量也逐步升高。可以,体系结构设计必须充分考虑质量间的相互影响,制定权衡取舍策略。

5.2　软件质量度量模型和相关体系结构要素

软件质量由一系列质量要素构成,每一个质量要素又由一些衡量标准组成,每个衡量标准又由一些度量标准加以定量刻画。质量度量贯穿于软件工程的全过程及软件交付之后,在软件交付之前的度量(内部属性)主要包括程序复杂性、模块的有效性和总的程序规模,在软件交付之后的度量(外部属性)则主要包括残存的缺陷数和系统的可维护性方面。

ISO 9126 称为"软件产品评价:质量特性及使用指南"。在这个标准中,将软件质量定义为"与软件产品满足声明的或隐含的需求能力有关的特性和特性的总和",可以分为 6 个特性,具体可见表 5-1 所示,这 6 大特性,每个特性包括一系列副特性。

表5-1　ISO 9126质量特性和质量子特性①

1	功能性(functionality)：与一组功能及其指定的性质的存在有关的一组属性。功能是指满足规定或隐含需求的那些功能	适合性(suitability)：与对规定任务能否提供一组功能以及这组功能是否适合有关的软件属性 准确性(accurateness)：与能够得到正确或相符的结果或效果有关的软件属性 互用性(interoperability)：与同其他指定系统进行交互操作的能力相关的软件属性 依从性(compliance)：使软件服从有关的标准、约定、法规及类似规定的软件属性 安全性(security)：与避免对程序及数据的非授权故意或意外访问的能力有关的软件属性
2	可靠性(reliability)：与在规定的一段时间内和规定的条件下，软件维持其性能有关的能力	成熟性(maturity)：与由软件故障引起失效的频度有关的软件属性 容错性(fault tolerance)：与在软件错误或违反指定接口的情况下，维持指定的性能水平的能力有关的软件属性 易恢复性(recoverability)：与在故障发生后，重新建立其性能水平并恢复直接受影响数据的能力，以及为达到此目的所需的时间和努力有关的软件属性
3	易使用性(usability)：与为使用所需付出的努力和由一组规定或隐含的用户对这样所作的个别评价有关的一组属性	易理解性(understandability)：与用户为理解逻辑概念及其应用所付出的劳动有关的软件属性 易学性(learnability)：与用户为学习其应用(例如操作控制、输入、输出)所付出的努力相关的软件属性 易操作性(operability)：与用户为进行操作和操作控制所付出的努力有关的软件属性
4	效率(efficiency)：在规定条件下，软件的性能水平与所用资源量之间的关系有关的软件属性	资源特性(resourcebehavior)：与软件执行其功能时，所使用的资源量及使用资源的持续时间有关的软件属性

---

① 李千目.软件体系结构设计.北京：清华大学出版社,2008

5	可维护性(maintainability):与进行规定的修改所需要的努力有关的一组属性	易分析(analyZability):与为诊断缺陷、失效原因或判定待修改的部分所需付出的努力有关的软件属性
		易改变性(changeability):与进行修改、排错或适应环境变换所需付出的努力有关的软件属性
		稳定性(stability):与修改造成未预料效果的风险有关的软件属性
		易测试性(testability):与为确认软件能力和品质所需付出的努力有关的软件属性
6	可移植性(ponability):与软件可从某一环境转移到另一环境的能力有关的一组属性	适应性(adaptabillity):与软件无须采用有别于为该软件准备的处理或手段就能适应不同的规定环境有关的软件属性
		易安装性(installability):与在指定环境下安装软件所需付出的努力有关的软件属性
		一致性(conformallce):使软件服从与可移植性有关的标准或约定的软件属性
		易替换性(replaceability):与一软件在该软件环境中替代指定的其他软件的难易程度有关的软件属性

ISO 认为软件质量的任何一部分都可通过这 6 个特性中的一个或多个特性的某些方面来描述。

其软件质量模型包括 3 层:高层,软件质量需求评价准则(SQRC);中层,软件质量设计评价准则(SQDC);低层,软件质量度量评价准则(SQMC)。也就是质量要素(factor)、评价准则(criteria)、度量(metric),具体可见图 5-1 所示。

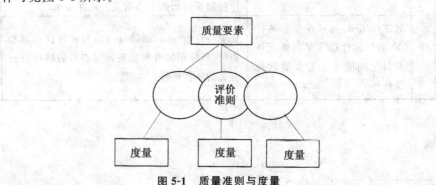

图 5-1 质量准则与度量

将软件质量度量纳入软件体系结构设计中便出现了体系结构的质量属

性及其实现的问题。具体可通过表 5-2 所示来描述和构造自己的质量度量模型。

表 5-2 软件体系结构的质量属性检查表

编号	名称	内容
1	性能	每个用例的预期响应时间是多少 平均/最慢/最快的预期响应时间是多少 需要使用哪些资源(CPU,局域网等) 需要消耗多少资源 使用什么样的资源分配策略 预期的并行进程有多少个 有没有特别耗时的计算过程 服务器是单线程还是多线程 有没有多个线程同时访问共享资源的问题,若有,如何管理 不好的性能会在多大程度上影响易用性 响应时间是同步的还是异步的 在一天、一周或者一个月,系统性能变化是怎样的 预期系统负载增长是怎样的
2	可用性	系统故障有多大的影响 如何识别是硬件故障还是软件故障 系统发生故障后,能在多长时间内恢复 在故障情况下,有没有备用系统可以接管 如何才能知道所有的关键功能已经被复制了 如何进行备份,备份和恢复系统需要多长时间 预期的正常工作时间是多少小时 每个月预期的正常工作时间是多少
3	可靠性	软件或硬件故障的影响是什么 软件性能不好会影响可靠性吗 不可靠的性能对业务有多大影响 数据完整性会受到影响吗
4	功能	系统满足用户提出的所有功能需求了吗 系统如何应付和适应非预期的需求
5	易用性	用户界面容易理解吗 界面需要满足残疾人的需求吗 开发人员觉得用来开发的工具是易用的和易理解的吗

编号	名称	内容
6	可移植性	如果使用专用开发平台,则其优点真的比缺点多吗 建立一个独立层次的开销值得吗 系统的可移植性应该在哪一级别来提供(应用程序、服务器、操作系统或硬件级别)
7	可重用性	该系统是一系列的产品线的开始吗 其他建造系统有多少与现有系统有关? 若有,其他系统可重用吗 哪些现有构件是可以重用的 现有的框架和其他代码能够被重用吗 其他应用程序可以使用这个系统的基础设施吗 建立可重用的构件,代价、风险、好处是什么
8	集成性	于其他系统进行通信的技术是基于现行的标准吗 构件的接口是一致的和容易理解的吗 有解释构件接口的过程吗
9	可测试性	有可以测试语言类、构件和服务的工具、过程和技术吗 框架中有可以进行单元测试的接口吗 有自动测试工具可以用吗 系统可以在测试器中运行吗
10	可分解性	系统是模块化的吗 系统之间有许多依赖关系吗 对一个模块的修改会影响其他模块吗
11	概念完整性	人们理解这个架构吗,是不是有人问很多很基本的问题 架构中有没有自相矛盾的决策 新的需求很容易加到架构中来吗
12	可完成性	有足够的时间、金钱和资源来建立架构基准和整个项目吗 架构是不是太复杂 架构有足够的模块化来支持并行开发吗 是不是有太多的技术风险呢

通过上表中的各类问题考虑,建立具体软件的体系结构质量标准,成为制定评估表格的基础。并且在高层体系结构设计中,初步的验证性实验或者说原型项目是完全必要的,这种概念和方法的验证可极大地规避风险。

5.3 质量属性的场景描述方法

建立了体系结构的质量属性后,需要对每一个质量属性进一步分解、研究,并找到针对具体质量属性的解决方案,通过这些制定软件体系结构策略,对具体质量属性的细化描述,称之为质量属性的场景。

传统关于质量属性的描述和讨论中存在以下问题:

①定义不具可操作性、模糊性。

②可能会关注同一问题,如易用性和安全性可能关注同一个系统故障。

现实中常根据情景(场景)判断事物,而情景由人物、环境、事件、反应和结果等要素组成。在软件开发中,我们借助场景说明用户对功能和质量的要求,对应为用例场景和质量场景。场景就是对某个实体与系统的一次交互的简要描述,它由六部分组成,图 5-2 所示为场景的构成,质量属性场景是一个有关质量属性的特定需求。

图 5-2 场景的构成

刺激源是某个生成该刺激的实体(人、计算机系统或任何其他激励器)。

刺激是场景中解释或描述风险承担者怎样引发与系统交互的部分。例如,用户可能会激发某个功能,维护人员可能会做出某个更改,测试人员可能会进行某个测试,操作人员可能会以某种方式对系统进行重新配置等。

环境描述刺激发生时的情况。例如,当前系统处于什么状态,有什么不同寻常的条件,系统的负载是否很重,是否有某个处理器崩溃了,是否某个信道出现了拥塞。对任何与理解该场景有关的周围环境情况都应该做出说明。如果测试发生时的环境是"正常情况",则这一部分可以省略。

制品是刺激的客体,它可能是整个系统,也可能是系统的一部分。

响应告诉我们系统通过其体系结构怎样对刺激做出反应。例如,所要求的功能是否执行了,所做的测试是否成功,重新配置是否真正起作用了,维护时所做的修改需要付出多大的努力。

响应是理解提出这一场景的风险承担者所关注的质量属性的关键。如果对用户激发某个功能的刺激的响应实现了,就表示该风险承担者关注的是系统的功能属性。如果风险承担者还提出"无错误的"或"在 2s 之内"这样的要求,说明该风险承担者对系统的性能也同样关注。

响应度量是指当响应发生时,应该能够以某种方式对其进行度量,以对需求进行测试。

我们将一般的质量属性场景与具体的质量属性场景区分开来,前者指那些独立于子系统,适合任何系统的场景,后者是指适合特定系统的场景。我们以场景集合的形式提供属性描述,但为了把属性描述转换为对某个特定系统的需求,要把相关的一般场景变为面向特定系统的场景。图 5-3 所示为质量属性、质量属性场景和系统的关系。

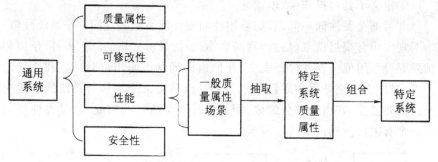

图 5-3　质量属性、质量属性场景和系统的关系

一般来说质量属性是只是在一定的上下文环境中才能做出有意义的判断。生成质量属性场景的目的和意义:

①帮助架构师生成有意义的质量属性需求。

②使质量属性需求的描述具体化、规范化。

③某一场景是一类场景的代表,系统将以相同的方式对这些场景作出反应。

5.4　几种质量属性及其一般场景

本节主要讨论 6 个质量属性及其一般场景:可用性场景(Availability)、可修改性场景(Modifyability)、性能场景(Perfomance)、安全性场景(Security)、可测试性场景(Testability)、易用性场景(usability)。

5.4.1　可用性场景

可用性所关注的方面包括:如何检测系统故障(错误不体现出来时不能称为故障)、系统故障发生的频率、出现故障时会发生什么情况、允许系统有多长时间非正常运行、什么时候可以安全地出现故障、如何防止故障的发生、发生故障时要求进行哪些通知。

图 5-4 给出了可用性的一般场景的可能取值。该图包含了质量场景属

性的 6 个部分,并给出了每部分的取值范围,但并不是每一个特定系统的场景都完全具备这 6 个部分。每个场景所必须具有的就是应用场景的结果,以及将要执行的测试类型,这些测试将用以确定是否实现了该场景。

图 5-4 可用性的一般场景的可能取值系统的可用性是系统正常运行的时间比例,一般将系统可用性定义为

$$\alpha = \frac{\text{平均正常工作时间}}{\text{平均正常工作时间} + \text{平均修复时间}}$$

从图 5-4 的一般场景中得出一个具体的可用性场景的示例是"在正常操作期间,进程收到了一个未曾预料到的外部消息,并继续操作,没有停机"。图 5-5 给出了所得到的这一场景的各个部分。

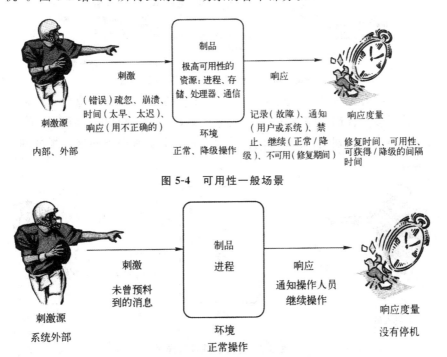

图 5-4　可用性一般场景

图 5-5　可用性场景样例

根据刺激源的不同可能要求做出不同的响应。环境也可以影响响应,例如,系统已经过载,可能会以不同方式对待到达系统的某个事件。制品作为一种需求并不是非常重要,它通常都是系统,我们对其进行显式调出。通过响应值可以明确质量属性的需求,所以将响应度量作为场景的一部分。

5.4.2　可修改性场景

可修改性是有关变更的成本问题。它关注两个方面:一方面是修改什

么(制品),可以是系统的任何方面,最常见的就是系统计算的功能,系统存在的平台、系统运行的环境、系统所展示的质量属性及其容量等;另一方面是何时及谁来进行更改(环境),可以在编译期间、构建期间、配置设置期间或执行期间改变实现。

图 5-6 所示为可修改性的一般场景的可能取值。

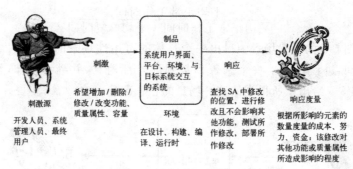

图 5-6　可修改性的一般场景的可能取值

例如,"开发人员希望改变用户界面,以使屏幕背景变为蓝色。这需要在设计时改变代码。需要在 3h 内改变代码,并对修改后的代码进行测试,行为中将不会出现副作用的影响"。图 5-7 给出了所得到的这一场景的各个部分。

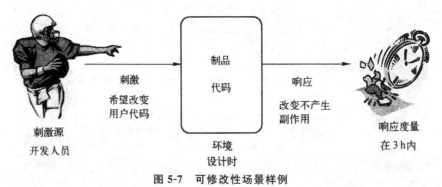

图 5-7　可修改性场景样例

5.4.3　性能场景

性能与时间有关,主要度量事件发生时要耗费系统多长时间作出响应。影响性能的因素包括事件源的数量和到达模式。到达系统的事件包括周期性事件、随机事件或偶然事件。

事件(中断、消息、用户请求或时间已到)发生时,系统必须对其做出响应。事件的到达和响应有很多特性,但性能基本上与事件发生时,将要消耗系统多长时间做出响应有关。事件可来自用户请求、其他系统或系统内部。

性能场景首先以达到系统对某种服务的请求开始,满足该请求需要消耗资源,但此处不考虑系统的配置和资源的消耗,这些问题依赖于体系结构解决方案。

事件源的到达模式可以是周期性的和随机的,如周期事件可以每隔10ms 到达,实际系统中最常见的是周期事件的到达。事件的数量和到达模式密切相关,换句话说,系统性能并不关心是一个用户在一段时间内提交了20 个请求,还是两个用户在这段时间内每人提交了 10 个请求,它关心的是这些请求在服务器端的到达模式和请求的依赖关系。

性能可用等待时间(刺激到达和系统对其做出响应之间的时间)、处理期限、系统吞吐量、响应抖动等方式进行表达。图 5-8 显示了性能的一般场景的可能取值。

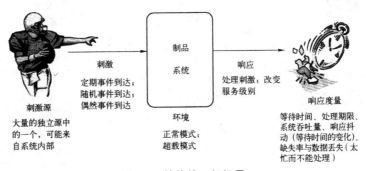

图 5-8 性能的一般场景

例如,"用户随机启动了在正常操作下 1000 次/min 的交易,处理这些交易的平均等待时间为 2s"。图 5-9 给出了这一具体性能场景的各个部分。

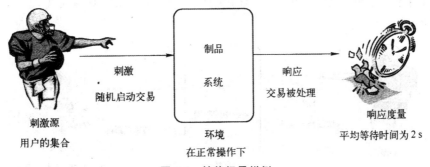

图 5-9 性能场景样例

在软件工程发展的大部分时间内,性能一直是促使系统 SA 发展的重要驱动力,也经常影响其他质量属性的实现。但是,随着硬件性价比的急剧下降和软件开发成本的提高,性能绝对性地位已不再了。

5.4.4 安全性场景

安全性是衡量系统向合法用户提供服务的同时,阻止非授权用户使用的能力。试图突破安全防线的行为被称为攻击,具有多种形式,攻击经常发生,安全性的一般场景的元素与其他一般场景的元素是相同的。图 5-10 给出了安全性的一般场景可能的取值。

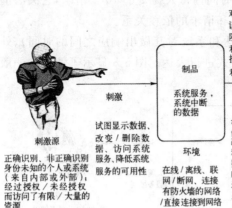

图 5-10　安全性的一般场景

例如,"一个经过身份验证的个人,试图从外部站点修改系统数据;系统维持了一个审核跟踪,并在一天内恢复了正确的数据",具体可见图 5-11 所示。

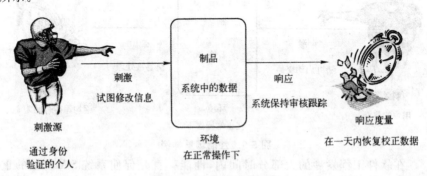

图 5-11　安全性场景样例

128

5.4.5　可测试性场景

可测试性是指通过测试揭示软件缺陷的容易程度,通常是基于运行的测试。要对系统正确的测试,必须能够控制每个构件的内部状态及其输入,然后观察输出。这些工作通常由测试者利用测试工具来完成。测试由各种开发人员、测试人员、验证人员或用户进行,可测试代码部分、设计及整个系统。可测试性的响应度量处理是指测试在发现缺陷方面的效率,以及想要达到某个期望的覆盖范围和需要用多长时间进行测试。

图 5-12 所示为可测试性的一般场景可能的取值。

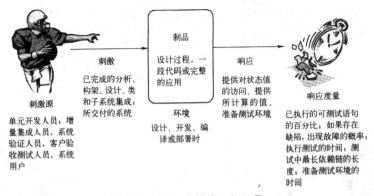

图 5-12　可测试性的一般场景

例如,"单元测试人员在一个已完成的系统构件上执行单元测试,该构件为控制其行为和观察其输出提供了一个接口;在 3h 内测试了 85% 的路径",具体可见图 5-13 所示。

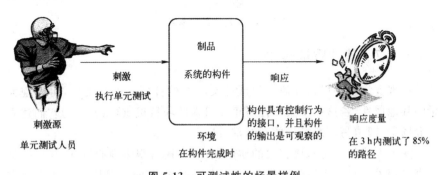

图 5-13　可测试性的场景样例

5.4.6　易用性场景

易用性主要是对用户来说完成某个期望任务的难易程度和系统所提供

的用户支持的种类。通常包括:学习系统的特性、有效地使用系统、将错误的影响降到最低、使系统适应用户的需要并提高自信度和满意度。图 5-14 为易用性的一般场景可能的取值。

例如,"想把错误的影响降到最低的用户,希望在运行时取消用户的操作,取消在 1s 内发生",具体可见图 5-15 所示。

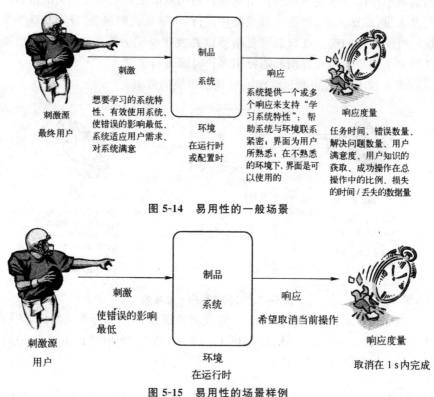

图 5-14　易用性的一般场景

图 5-15　易用性的场景样例

5.4.7　其他质量属性

在现实实践中操作和研究权威性文献对软件属性的分类中,可发现大量的其他属性,若这些质量属性对正在研发的项目很重要,就该为它们建立一般场景,即填写一般场景的 6 个部分即可。

除了上述与系统直接相关的质量属性外,还有很多商业目标、与体系结构直接相关的属性也属于质量属性范畴。其中,商业质量属性一般表现在上市时间、成本收益、所希望系统的生命期的长短、目标市场、推出计划、与老系统集成等方面。而概念完整性与体系结构密切相关,它是在各个层次上统一系统设计的根本指导思想,体系结构应该以类似的方式去完成相似的任务。正确性和完整性是体系结构满足系统的各种需求及其运行时的资源要求的必备条件。可构建性保证由指定的开发小组在规定的时间内及时开发系统，并允许在开发过程中做某些更改的体系结构属性。

5.5　几种质量属性策略

怎样实现质量属性，这需要系统设计师通过设计模式、体系结构模式或策略来完成。战术（Tactics）是影响质量属性反应的设计决策，将战术的集合称为体系结构策略。如图 5-16 所示。策略可能应用某种体系结构风格，也可可以应用设计模式，还可能是备份、缓冲等机制。

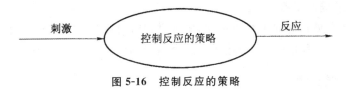

图 5-16　控制反应的策略

5.5.1　可用性策略

图 5-17 所示为可用性策略的总结示意，当系统出现系统故障无法提供与其规范一致的服务时，恢复或修复是保障可用性的重要手段，由于故障是因为系统中存在错误或错误的组合从而产生，可见要利用可用性策略阻止错误发展成故障，或至少能把错误的影响限制在一定范围内，让修复成为可能。通常控制可用性的策略中，先要进行错误检测，然后启动错误的恢复机制，最后考虑错误的预防。

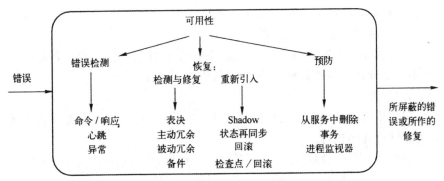

图 5-17　可用性策略总结

1. 错误预防

（1）从服务中删除

该策略在操作中删除系统的一个组件，以执行某些活动来防止预期发生的故障。若从服务中删除是自动的，则可以通过设计体系结构策略来支持它。若是手动删除，则必须对系统进行设计以对其提供支持。

（2）事务

事务就是绑定几个有序的步骤，以能够立刻撤销整个绑定，这些步骤是全执行或全不执行。若进程中的一个步骤失败，可用事务来防止任何数据受到影响，还可用事务来防止访问相同数据的几个并行线程之间发生冲突。

（3）进程监视器

一旦检测到进程中存在错误，监视进程就可以删除非执行进程，并为该进程创建一个新的实例，初始化为某个适当的状态。

2. 错误检测

广泛用于识别错误的 3 个策略是命令/响应、心跳和异常。

（1）命令/响应

一个构件发出一个命令，并希望在预定的时间内收到一个来自审查构件的响应。可将该策略用在共同负责某项任务的一组构件内。客户机也可以通过这种策略，以确保服务器对象和到服务器的通信路径在期望的性能边界内操作。也可以采用一种层次形式的"命令/响应"错误探测器，较高层的错误探测器对较低层的探测器发出命令，最低层的探测器对与其共享一个处理器的软件进程发出命令。与对所有进程发出命令的远程错误探测器相比，这种策略所使用的通信带宽较少。

（2）心跳（Dead Man 记时器）

一个构件定期发出一个心跳消息，另一个构件收听该消息。若心跳失败，则假设最初的构件失败，并通知错误以纠正构件。

（3）异常

识别错误的一种方法就是遇到异常，该异常处理程序通常在引入该异常的相同进程中执行。

命令/响应和心跳策略在不同的进程中操作，异常策略在一个进程中操作，异常处理程序通常将错误在语义上转换为可以被处理的形式。

3. 错误恢复

错误恢复由准备恢复和修复系统两部分组成。常见错误恢复的方法如下。

（1）表决

运行在冗余处理器上的每个进程都具有相等的输入，他们计算并发表给表决者一个简单的输出值。若表决者检测到单个处理器的异常行为，就终止这一行为。表决算法可以是"多数规则"或"首选组件"或其他算法。该方法用于纠正算法的错误操作或者处理器的故障，常用在控制系统。每个冗余组件的软件可以由不同的小组开发，并且在不同的平台上执行。

（2）主动冗余（热重启）

所有的冗余组件都以并行的方式对事件作出响应，故所有组件都处在相同的状态。仅使用一个组件的响应，丢弃其他组件的响应。错误发生时，使用该战术的系统停机时间通常是几毫秒，因为备份是最新的，所以恢复所需要的时间就是切换时间。

（3）被动冗余（暖重启/双冗余/三冗余）

一个组件（主要的）对事件作出响应，并通知其他组件（备用的）必须进行状态更新。当错误发生时，在继续提供服务前，系统必须首先确保备用状态是最新的。该方法也用在控制系统中，一般是在输入信息通过通信通道或传感器到来时，若出现故障，则必须从主组件切换到备用组件时使用。[①]

（4）备件

备件是计算平台配置用于更换各种不同的故障组件。出现故障时，必须将其重新启动为适当的软件配置，初始化其状态进行。定期设置持久设备的系统状态的检查点，并记录持久设备的所有状态变化以能够使备件设置为适当的状态。这通常用作备用客户机工作站，该战术的停机时间通常是几分钟。

（5）Shadow 操作

以前出现故障的组件可以在短时间内以"Shadow 模式"运行，以确保在恢复该组件前，模仿工作组件的行为。

（6）状态再同步

主动和被动冗余战术要求恢复的组件在重新提供服务前更新其状态。更新的方法取决于可以承受的停机时间、更新的规模及更新所要求的消息的数量。

（7）检查点/回滚

检查点就是记录所创建的一致状态，或者是定期进行，或者是对具体事件作出响应。有时系统会以一种不同寻常的方式出现故障，可检测到其状

---

① 王小刚，黎扬，周宁.软件体系结构［M］.北京:北京交通大学出版社，2014

态不一致,在这种情况下,应该使用上一个一致状态检查点和事务日志来恢复系统。

5.5.2 可修改性策略

控制可修改策略的目标是控制实现、测试和部署变更的时间和成本。把可修改性策略根据目标进行分组,如图 5-18 所示。若目标是减少由某个变更直接影响的模块的数量,则把这组可修改性策略称为"局部化变更"。若目标是限制对局部化的模块的修改,则将这组可修改性策略称为"防止连锁反应"。这两策略差别是由直接受变更影响的模块和间接受变更影响的模块所决定的。第三组策略的目标是控制部署时间和成本,称为"推迟绑定时间"。

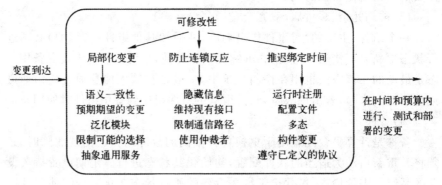

图 5-18　可修改性策略总结

1.局部修改

局部修改的目标是减少由某个变更直接影响的模块的数量,在设计期间为模块分配责任,以把预期的变更限制在一定的范围内,来降低成本。

(1)保持语义一致性

所谓语义一致性是指模块中责任之间的关系,他们协同工作,无需过多依赖于其他模块。目标是通过选择具有语义一致性的责任来实现的。耦合和内聚指标是度量语义一致性的尝试,但它们遗漏了变更的上下文。因此,应该根据一组预期的变更来度量语义的一致性。

(2)预期期望的变更

这种策略考虑所预想的变更的集合,为特定的责任提供分配方案。其关注点是尽可能减低变更影响。现实中由于无法预知所有变更,故一般和语义一致性结合使用。

（3）泛化模块

泛化模块是为了让模块更通用，让其根据输入计算更广泛的功能。模块越通用，越有可能通过调整语言而非修改模块来进行请求的变更。

（4）限制可能的选择

有时修改范围可能非常大，会影响很多模块。限制可能的选择即降低修改所造成的影响。

（5）抽象通用服务

语义一致性策略中的一个子策略就是"抽象通用服务"，通过专门的模块提供通用服务通常被视为支持复用，但同时也支持可修改性。若已经抽象出了通用服务，则对要对通用服务修改一次即可，而无需在应用这些服务的其他模块中分别修改。且对应用这些服务的模块的修改不会影响其他用户。因此，该策略不仅支持局部化变更，还能防止连锁反应。抽象通用服务的示例就是应用框架的使用和其他中间件的使用。

2. 防止连锁反应

防止连锁反应的目标是限制对局部化的模块的修改，以防止对某个模块的修改间接地影响到其他模块。修改所产生的一个连锁反应就是需要改变该修改并没有直接影响到的模块。

（1）隐藏信息

信息隐藏就是把某个实体（一个系统或系统的某个分解）的责任分解为更小的部分，并选择哪些信息是公有的，哪些信息是私有的。可以通过指定的接口获得公有责任。信息隐藏的目的是将变更隔离在一个模块内，防止变更扩散到其他模块。

（2）维持现有接口

若 B 依赖于 A 的一个接口名字或签名，则维持该接口及其语法可使 B 保持一致。但这种策略很难屏蔽数据和服务的含义的改变，以及 B 对 A 的服务质量、数据质量、资源使用和资源拥有的依赖性。常用的方法是通过将接口和实现分离来实现该接口的稳定性。接口分离的策略有添加接口、添加适配器或给 A 提供一个占位程序。

（3）限制通信路径

限制与一个规定的模块共享数据的模块，包括使用该模块产生数据的模块数量和产生该模块使用的数据的模块数量。

（4）使用仲裁者

若 B 对 A 具有非语义的任何类型的依赖，则在 A 和 B 之间插入一个仲裁者，以管理与该依赖相关的活动。

3. 推迟绑定时间

延迟绑定时间的目标是控制部署时间并允许非开发人员修改。

在运行时绑定表示系统已为该绑定做好了准备,并完成了所有测试和分配步骤。推迟绑定时间可以让最终用户或系统管理员设置,或提供影响行为的输入。

许多战术的目的是在载入时或运行时产生影响,如下所述:

①运行时注册支持即插即用操作,但需要管理注册的额外开销。

②配置文件的目的是在启动时设置参数.

③多态允许方法调用的后期绑定。

④组件更换允许载入时间绑定。

⑤遵守已定义的协议允许独立进程运行时绑定。

5.5.3　性能策略

性能策略主要是对在一定的时间限制内到达系统的事件生成一个响应。到达系统的事件可以是单个事件,也可是事件流。事件到达可以是消息的到达、定时器到时、系统环境中重要的状态变化的检测等。系统对事件进行处理并生成一个响应。性能策略控制生成响应的时间,如图 5-19所示。

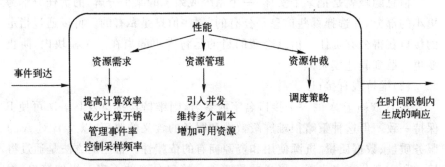

图 5-19　性能策略的总结

产生响应时间的两个基本因素是资源消耗和闭锁时间。

资源消耗:包括 CPU、数据存储、网络通信带宽和内存,但它也可以包括由设计中的特定系统所定义的实体。例如,必须对存储器进行管理,并且对关键部分的访问必须是按顺序进行的。事件可以是各种类型的,每种类型的事件都经过了一个处理序列。

闭锁时间:可能会由于资源争用、资源不可用或者计算依赖于另外一个还不能得到的计算结果而导致计算不能使用某个资源,从而阻止计算的进行。

①资源争用。这些事件可能是单个流,也可能是多个流。争用同一个资源的多个流或相同流中争用同一个资源的不同事件会增加等待时间。

②资源的可用性。即使没有争用,若资源不可用,也无法计算。资源离线、组件故障或其他原因都会导致资源不可用。在任何情况下,设计师都须确定资源不可用可能会导致急剧增加等待时间的情形。

③对其他计算的依赖性。计算可能必须等待,因为它必须与一个计算的结果同步,或者是因为它在等待它所启动的一个计算的结果。

1. 资源需求

资源需求的两个特性是:资源流中的事件之间的时间;每个请求所消耗的资源是什么。减少等待时间的一个策略就是减少处理一个事件流所需要的资源,包括提高计算效率和减少计算开销两种方法。

(1)提高计算效率

处理事件或消息的一个步骤就是应用某个算法,故,改进关键地方所使用的算法将减少等待时间。有时也可用一种资源换取另一种资源。例如,时间和空间资源的可用性。

(2)减少计算开销

若没有资源请求,则可减少处理需求。这种情况下,仲裁者的使用增加了处理事件的时间,可删除仲裁者以减少等待时间。

减少等待时间的另一个策略是减少所处理的事件的数量,其主要方法包括管理事件率和控制监视环境变量处的采样频率。

限制执行时间、限制队列大小则通过控制资源的使用来减少或管理资源需求。

2. 资源管理

(1)引入并发

若可并发处理需求,便可减少闭锁时间。可通过在不同的线程上处理不同的事件流或创建额外的线程来处理不同的活动集来引入并发。引入并发后,适当分配资源,最大程度上利用并发。

(2)维持多个副本

包括数据或计算的多个副本。例如,客户机/服务器中的客户机就是计算的副本,高速缓存是在不同速度的存储库或单独的存储库上复制数据的技术。使用副本的目的是减少在中央服务器上进行所有的计算时出现的争用。

（3）增加可用资源

使用速度更快的处理器、额外的处理器、额外的内存，以及速度更快的网络等都可以减少等待时间。

3.资源仲裁

当存在资源争用时，必须对处理器、缓冲器和网络等资源进行调度。使用调度策略时要充分考虑资源使用的特性。调度策略有两部分：优先级分配和分派。所有的调度策略都分配优先级。调度优化的标准包括最佳资源的使用、请求重要性、最小化所使用的资源的数量、使等待时间最少、使吞吐量最大、防止资源缺乏以确保合理等。

常见的调度策略有先进先出、固定优先级的调度策略、动态优先级调度（包括轮转、时间最早优先）、静态调度（即循环执行调度）等。

5.5.4 安全性策略

如图 5-20 所示通常可将实现安全性策略分为：与抵抗攻击有关的策略、与检测攻击有关的策略，以及从攻击中恢复有关的策略。

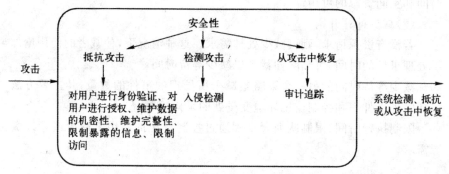

图 5-20 安全性策略总结

1.抵抗攻击

（1）身份验证

对用户进行身份验证，确保访问的用户或计算机是其所声称的用户或计算机密码、一次性密码、数字证书，以及生物识别均提供身份验证。

（2）授权服务

授权能保证经过身份验证的用户有权访问或修改数据或服务。一般通过在系统中提供一些访问控制模式进行管理。可对单个用户进行访问控制，也可对一类用户进行访问控制。

（3）维护数据的机密性

保护数据以防止未经授权的访问。一般通过对数据和通信链路进行某种形式的加密来实现机密性。对于通过公共可访问的通信链路传送数据来说，加密是唯一的保护措施。对于基于 Web 的链路，可以通过虚拟专用网（Virtual Private Network，VPN）或安全套接层（Secure Socket Layer，SSL）来实现该链路。

（4）维护完整性

主要是保证接收到数据未被修改。网络数据传输一般通过冗余信息，如校验码或哈希值来保证数据完整性，也可独立加密。

（5）限制暴露的信息

攻击者通常会利用暴露的某个弱点来攻击主机上的数据和服务，设计师可设计服务在主机上的分配，以便只能在每个主机上获得受限的服务。

（6）限制访问

防火墙根据消息源或目的地的端口来限制访问。来自未知源的消息可能是某种形式的攻击。当主机必须对 Internet 服务提供服务时会解除管制区（DMZ），其位于 Internet 和内部网的防火墙之间。

2. 检测攻击

检测攻击通常通过"入侵检测"系统进行，有很多入侵检测的方法，如基于数据挖掘的入侵检测、基于 Agent 的入侵检测、基于神经网络的入侵检测等。

3. 从攻击中恢复

从攻击中恢复的战术可分为恢复状态相关的战术和与识别攻击者相关的战术。在将系统或数据恢复到正确状态时所使用的战术与用于可用性的战术重叠了，都从不一致的状态恢复到一致状态，差别是前者要特别注意维护系统管理数据的冗余副本，如密码、访问控制列表、域名服务和用户资料数据等。

用于识别攻击者的战术就是"维持审计追踪"。审计追踪是应用到系统中的数据的所有事务和识别信息的一个副本，可利用审计信息来追踪攻击者的操作，它支持对某个特定请求的证据认可，并支持系统恢复。

5.5.5　可测试性策略

如图 5-21 所示，可测试性策略主要是允许在完成软件开发的一个增量后，轻松地对软件进行测试。测试的目标是发现错误。

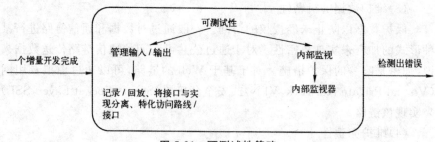

图 5-21　可测试性策略

1. 输入/输出

（1）记录/回放

记录/回放是指捕获跨接口的信息，并将其作为测试专用软件输入。在正常操作中跨一个接口的信息保存在某个存储库中，表示来自一个组件的输出和传到一个组件的输入。记录该信息使得能够生成对其中一个组件的测试输入，并保存，用于以后比较测试输出。

（2）分离接口与实现

将接口与实现分离，允许多种方式的实现，以支持各种测试目的。占位实现允许在缺少被占用的组件时，对系统的剩余部分进行测试。用一个组件代替某个专门的组件能够使被代替的组件充当系统剩余部分的测试工具。

（3）特化访问路线/接口

具有特化的测试接口允许通过测试工具来捕获或指定组件的变量值，并独立于其正常操作。[①]

2. 内部监视

根据构件的内部状态来支持测试过程。构件可以维持状态、性能负载、容量、安全性，或其他通过接口访问的信息。通过监视状态被激活来记录事件，进而达到测试的目的。随着监视的关闭，测试必须重新开始。从长远来看，采用内部监视能使构件活动的可见性得到提高。

5.5.6　易用性策略

易用性与用户完成期望任务的难易程度，以及系统为用户提供的支持种类有关，如图 5-22 所示。有两种类型的策略支持易用性：运行时策略和

---

① 王映辉.软件构件与体系结构[M].北京:机械工业出版社,2009

设计时策略。这两种策略针对的用户有两种,一种是系统运行期间支持的用户,一种是设计时支持的接口开发人员。

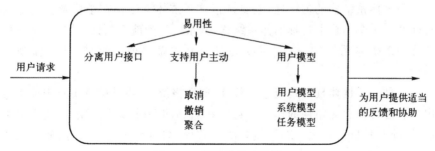

图 5-22　易用性策略总结

1. 运行时策略

(1)维持任务模型

主要是关于任务的信息方面。任务模型用于确定上下文,以使该系统了解用户试图做什么,并提供各种协助。

(2)维持用户模型

主要是关于用户的信息。它确定了用户对该系统的了解,用户在期望的响应时间 方面的行为,以及特定的某个用户或某类用户的其他方面。

(3)维持系统模型

主要是关于系统的信息。确定了期望的系统行为,以便为用户提供适当的反馈。系统模型预测了诸如完成当前活动所需要的时间之类的项目。

2. 设计时策略

由于在测试时,会频繁修改用户接口,因此,通常采用分离用户接口的方法,这样可以使修改的影响局部化。支持用户接口修改的 SA 模式有 MVC 模式、表示—抽象—控制模式等。

5.6　软件体系结构本身的质量属性

通过上面各节的介绍易知一个高质量的系统体系结构,在很大程度上代表了该系统的质量。

1. 正确性

体系结构能够满足系统的各种需求及运行时的资源要求。

2. 匀称性和一致性

一个体系结构的匀称性,主要是指该系统体系结构在结构及行为上的对称性。一个结构上匀称的体系结构,其系统行为就会匀称,并且一个结构匀称的系统体系结构,也表明以类似的方式做类似的事情,从而体现一致性。

这种一致性体现的是概念完整性,即风格统一,设计师常下意识地创造出具有这种概念完整性的作品。通常在遇到问题时,以同样的方式作出决定,除非有特别的理由。有了概念的一致性,知道系统的一部分,便可知道其整体。

3. 可构建性

所设计的体系结构对应的系统保证能够由指定的开发小组完成,而不是看似精妙绝伦,却无法付诸实践。

4. 自适应性

系统的自适应能力,是指系统内的构件可自主协调协作和交互,以便于联合在一起完成特定功能的能力。该能力是指主要依靠体系结构和设计来实现的动态的自主适应能力。自适应能力对提高系统的 Performance 和 Scalability 具有重要影响。

5. 简洁性

架构界有这样一个基本原则,即"KISS"(Keep It Stupid Simple)原则。KISS 原则告诫我们,在满足要求的前提下,要尽量使系统体系结构简单,避免多余和过度的设计。

参考文献

[1]王映辉.软件构件与体系结构[M].北京:机械工业出版社,2009.

[2]张友生.软件体系结构原理[M]. 第 2 版. 北京:清华大学出版社,2014.

[3]李千目.软件体系结构设计[M].北京:清华大学出版社,2008.

[4]谢新华.软件架构设计的思想与模式[EB/OL]. http://wenku.

baidu. com/view/1c78d63543323968011c9297. html. .

[5]中科院计算所培训中心. 软件架构设计的思想与模式[EB/OL]. http://wenku. baidu. com/view/9f71c66ab84ae45c3b358c6e. html. .

[6]百度文库. 软件架构设计的思想与模式[EB/OL]. http://wenku. baidu. com/view/a2de7483ec3a87c24028c4dc. html. .

[7]李莹莹. 软件体系结构评价体系与评价矩阵研究[D]. 合肥工业大学,2004.

[8]A&P Intelligent System Ltd. Microsoft Word－安格生产管理信息系统效益评估方案［EB/OL］. http：//wenku. baidu. com/view/6f893183ec3a87c24028c48e. html. .

第6章　特定领域的软件体系结构

随着软件复用技术的不断发展与成熟，软件复用已从代码级复用逐步上升到系统级复用。特定领域软件体系结构（Domain Specific Software Architecture，DSSA）的设计是系统级软件复用主要的研究内容之一，它较一般软件过程不同的是特定领域软件体系结构不以实现某个特定应用为目标，而是关注整个领域。针对领域分析模型中的需求，DSSA 给出对应解决方案，该方案不仅满足单个系统，同时也满足领域中其他系统需求，是领域范围内的一个更高层次的设计框架。实践表明，特定领域的软件复用成功率较高，参照 DSSA 所开发的软件产品具有较高的质量和良好的性能，并且也有利于系统修改、维护和二次开发。

6.1　特定领域软件体系结构概述

6.1.1　特定领域软件体系结构发展

DASS 最早由美国国防部的高技术局（Defense Advanced Research Project Agency，DARPA）提出。主要针对某个特定应用领域，是对领域模型和参考需求加以扩充而得到的软件体系结构 DSSA 通用于领域中各系统，体现了领域中各系统的共性。它通过领域分析和建模得到软件参考体系结构，为软件开发提供了一种通用基础，能够提高软件开发的效率。

美国国防部的 DARPA 的 DARPA－DSSA 研究计划是 DSSA 研究的重要发展阶段。通过对软件体系结构早期研究，人们认识到可通过复用的参考体系结构来改善复杂软件系统的设计、分析、生产和维护。DARPA－DSSA 正是建立在这种认识的基础上，它是对提取特定应用领域的软件体系结构设计专家知识的早期尝试。

DARPA 联合大学、知名公司等联合研究开发 DSSA 项目，以验证方法、积累经验。该计划由 6 个独立项目组成，其中 4 个应用于特定的军事领域，2 个对特定领域软件开发基础技术的研究。该计划由军方、工业界和学术界共同参与进行，开发了许多软件开发领域的参考体系结构和设计分析工具，如航空电子、指挥监控、适应性智能系统等。

DARPA－DSSA 项目主要研究团体及成果如下：

①Honeywell/Umd：为智能 GNC 系统开发了快速说明和自动代码生成器、ControlH、MetaH 以及一个高级实时操作系统，并应用于 NASA 飞机控制系统的导弹体系结构部分。

②IBM/Aerospace/MITFUCI：开发了一个航空电子系统体系结构以及大量工具，可使需求定义的生产率提高 10 倍。

③Teknowledge/Standford/TRW：开发了一个基于事件的、并发的、面向对象的体系结构描述语言 Rapide 及其开发环境。

④USC/ISI/GMU：开发了一个自动代码生成器和其他工具，并应用于 NraD 消息代理系统中，使生产率提高了 100 倍。

1992 年开始，DASS 各参与方先后发表了大量研究成果，带动了一批相关研究项目的开展。①

6.1.2　特定领域软件体系结构定义

从功能覆盖范围的角度研究，DSSA 中所涉及的领域如下。

①垂直域：定义一个特定的系统族，包含整个系统族内的多个系统，结果是在该领域中可作为系统的可行解决方案的一个通用软件体系结构。

②水平域：定义在多个系统和多个系统族中功能区域的共同部分，在子系统上涵盖多个系统族的特定部分功能，但无法为系统提供完整的通用体系结构。

简而言之，DSSA 是在一个特定应用领域中为一组应用提供组织结构参考的标准软件框架。美国国防部和美国空军非常重视对特定领域软件体系结构的研究，并给出了两个关于 DSSA 的定义。

定义 1：DSSA 是软件构件的集合，以标准结构组合而成，对于一种特殊类型的任务具有通用性，可以有效地、成功地用于新应用系统的构建。在该定义中，构件是指一个抽象的具有特征的软件单元，它能为其他单元提供相应的服务。

定义 2：DSSA 是问题元素和解元素的样本，同时给出了问题元素和解元素之间的映射关系。

Tracz 从需求和求解过程出发，给出了 DSSA 的定义。

定义 3：DSSA 是一个特定问题领域中支持一组应用的领域模型、参考需求和参考体系结构所形成的开发基础，其目标是支持该特定领域中多个应用的重用生成。

---

① 李金刚，赵石磊，杜宁. 软件体系结构理论及应用[M]. 北京：清华大学出版社，2013

　　实质上 DSSA 不仅是软件构件的集合,还应包括工作流程、评估系统、团队组织、测试计划、集成方案、技术文档和其他劳动密集型软件资源。DSSA 所涵盖的内容都可用于软件复用,以提高系统开发的效率和质量。

　　综上对于 DSSA 定义的分析和描述可得 DSSA 具有以下特征:

　　①DSSA 是对整个领域适度的抽象。

　　②具有严格定义的问题域或解决方案域。

　　③具备该领域固有的、典型的在开发过程中可重用的元素。

　　④具有普遍性,即可用于领域中某个特定应用的开发。

　　图 6-1 所示为 DSSA 一般组成,主要包括可重用构件、参考需求工程、参考体系结构 3 个主要信息元素以及框架/环境支持工具、抽取和评估工具。

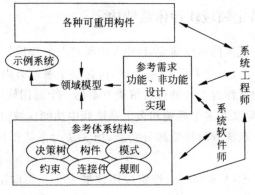

图 6-1　DSSA 组成

　　其中,领域模型是 DSSA 的关键部分,主要描述了领域内系统需求上的共性。领域模型所描述的需求称为参考需求或领域需求,它是通过考察领域中已有系统的参考需求获得的。参考体系结构则是一个统一的、相关的、多级的软件体系结构规范。

　　DSSA 包含领域工程和应用工程。领域工程是为一组相近或相似的应用建立基本能力与必备基础的过程,覆盖建立可重用软件元素的所有活动。分析领域中的应用,识别出这些应用的共同特性和可变特征,抽象所刻画的对象和操作,以形成领域模型。根据领域模型,可获取各种应用所共同拥有的体系结构和创建流程,并且以此为基础,还可识别、开发和组织各种可重用的软件元素。应用工程是通过复用软件资源,以领域通用体系结构为框架,开发出满足用户需求的一系列应用软件的过程。应用工程主要包括需求分析、实例化参考体系结构、实例化类属构件以及自动或半自动地创建应用系统等。

6.1.3　DSSA 的参与者[①]

DSSA 的参与者包括领域工程人员和应用工程人员。按照其所承担的任务不同,参与领域工程的人员可以划分为 4 种角色:领域专家、领域分析人员、领域设计人员和领域实现人员。每种角色都要在 DSSA 中承担一定的任务,需要具有特定的技能。

1. 领域专家

领域专家可能包括该领域中系统的有经验的用户、从事该领域中系统的需求分析、设计、实现以及项目管理的有经验的软件工程师等。

领域专家的主要任务包括提供关于领域中系统的需求规约和实现的知识,帮助组织规范的、一致的领域字典,帮助选择样本系统作为领域工程的依据,复审领域模型、DSSA 等领域工程产品等。

领域专家应该熟悉该领域中系统的软件设计和实现、硬件限制、未来的用户需求及技术走向等。

2. 领域分析人员

领域分析人员应由具有工程背景知识的有经验的系统分析员来担任。

领域分析人员的主要任务包括控制整个领域分析过程,进行知识获取,将获取的知识组织到领域模型中,根据现有系统、标准规范等验证领域模型的准确性和一致性,维护领域模型。

领域分析人员应熟悉软件复用和领域分析方法;熟悉进行知识获取和知识表示所需的技术、语言和工具;应具有一定的该领域的经验,以便于分析领域中的问题及与领域专家进行交互;应具有较高的进行抽象、关联和类比的能力:应具有较高的与他人交互和合作的能力。

3. 领域设计人员

领域设计人员应由有经验的软件设计人员来担任。

领域设计人员的主要任务包括控制整个软件设计过程,根据领域模型和现有的系统开发出 DSSA,对 DSSA 的准确性和一致性进行验证,建立领域模型和 DSSA 之间的联系。

领域设计人员应熟悉软件重用和领域设计方法;熟悉软件设计方法;应有一定的该领域的经验,以便于分析领域中的问题及与领域专家进行交互。

---

① 　付燕.软件体系结构实用教程[M].西安:西安电子科技大学出版社,2009

4. 领域实现人员

领域实现人员应当由有经验的程序设计人员来担任。

领域实现人员的主要任务包括根据领域模型和 DSSA，或者从头开发可复用构件，或者利用再工程的技术从现有系统中提取可复用构件，对可复用构件进行验证，建立 DSSA 与可复用构件间的联系。

领域实现人员应熟悉软件重用、领域实现及软件再工程技术；熟悉程序设计；具有一定该领域的经验。

6.1.4 DSSA 和体系结构

20 世纪 70 年代便有程序族、应用族等概念出现，同时人们也开始了对特定领域软件体系结构的研究，这与软件体系结构研究的主要目的"在一组相关的应用中共享软件体系结构"是一致的。

DSSA 是从一个领域中所有应用系统的体系结构抽象出来的更高层次的体系结构，这个共有的体系结构是针对领域模型中的领域需求给出的解决方案。DSSA 是体现了领域中各系统的结构共性的软件体系结构，它通用于领域中的系统。从元素与集合的角度看，DSSA 是一组能够在特定领域被重用的软件元件集合，集合中的软件元件通过标准的结构组合共同完成一个成功的实际应用。

图 6-2 所示为特定领域的体系结构、应用系统及其体系结构之间的关系。从图中可以看出，有了 DSSA 作参考，就可以根据具体应用的特定需求对 DSSA 加以调整和定制，实现领域体系结构重用。

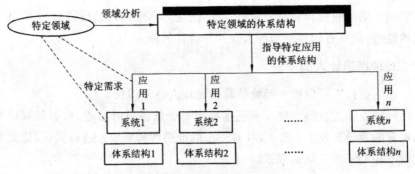

图 6-2 DSSA 和应用体系结构

在软件体系结构的发展过程中，由于研究者出发点不同，出现了两种相互正交的方法：以问题域为出发点的 DSSA 和以解决方案域为出发点的软件体系结构风格。

148

从领域的角度看,软件体系结构可分为两大部分:一般的、抽象的软件体系结构和特定领域的软件体系结构。抽象的软件体系结构,有很多风格,特定领域的软件体系结构也可以有更多,特定领域软件体系结构和软件体系结构风格分别从问题域和软件解决方案两个方向提供若干经过考虑的候选转换路径。他们各自侧重点不同其对应的应用特点也不同。

体系结构风格是对已有的应用中一些常用的、成熟的、可重用的体系结构进行抽象形成的。其通用性较好,不局限于某一应用领域,可在软件开发中用来创建新的系统。特定领域的体系结构则是考虑软件开发的特定领域背景,通过对领域内结构共性的描述,抽取该领域的软件体系结构,来达到领域内重用的目的。两者主要差异在于复用范围的不同。体系结构风格的定义和该风格应用的领域是正交的,提取的设计知识比用 DSSA 提取的设计专家知识的应用范围要广。

虽然抽象的软件体系结构和体系结构风格的重用范围更广,但是由于太过面向普遍应用,故有复用率不高的问题。而特定领域的软件体系结构则可在一个领域内达到很高复用率,且领域体系结构本身可能是由一种或多种抽象的体系结构风格组成。通过 DSSA 的研究也可以抽取出一般、抽象的软件体系结构,为跨领域的其他应用系统重用。

综上可知,DSSA 和体系结构风格是互补的两种技术;DSSA 只对某一个应用领域进行设计专家知识的提取、存储和组织,但可同时使用多种体系结构风格;而在某个体系结构风格中进行体系结构设计专家知识的组织时,也可将提取的公共结构和设计方法扩展到多个应用领域。在大型的软件开发项目中,基于领域的设计专家知识和以风格为中心的体系结构设计专家知识都扮演着重要的角色。在具体系统(包括领域系统)开发的过程中,应当根据实际需要选择适用的体系结构风格和 DSSA,进行系统级的体系结构重组,达到系统级的复用。

6.2　特定领域的软件体系结构的领域工程

6.2.1　基本概念

在领域工程中有一些基本的概念,需要在研究领域工程之前正确、深入地理解。

1. 领域

所谓领域是指一组具有相似或相近软件需求的应用系统所覆盖的功能

区域。它是领域工程中的基础概念,领域概念的确定决定了领域工程中许多行为和方法的含义。

2. 领域模型

当需要建立领域的抽象时,需要和领域专家交流,了解领域知识,但这些未加工的知识不能被直接加入软件系统中,一般先要在脑海中建立一幅蓝图。刚开始可能该图还不完整,但随着时间推移,它会越来越完善,该蓝图就是一个关于领域的模型。按照 Eric Evans 的观点,领域模型不是一幅具体的图,它是那幅图要极力去传达的思想。它也不是一个领域专家头脑中的知识,而是一个经过严格组织并进行选择性抽象的知识。一幅图可以描绘和传达一个模型,同理,根据该模型编写的代码也能实现这个目的。领域模型是对目标领域内部的展现方式,是非常必需的,会贯穿整个设计和开发过程。在设计过程中,需要记住模型并会对其中的内容进行引用。从终端用户角度来看,领域模型是一组能够反映领域共性与变化特征的相关模型和文档资料。领域模型描述领域中应用的共同需求,领域模型所描述的需求经常被称为领域需求。与单个应用需求规约模型不同,领域模型是针对某一特定领域的需求规约模型。除了具有一般需求规约模型的功能之外,在软件重用过程中,领域模型还承担着为领域内新系统的开发提供可重用软件需求规约的任务,同时指导完成领域设计阶段和实现阶段的可重用软件资源的创建工作。领域模型描述了多种不同的信息,主要包括以下几方面内容。

①领域范围:领域定义和上下文分析。

②领域字典:定义领域内相关术语,其目的是为用户、分析人员、设计人员、实现人员、测试人员和维护人员进行准确、方便的交流提供基础条件。

③符号标识:描述概念和概念模型,利用符号系统对领域模型内的概念进行统一的说明,主要包括对象图、状态图、实体关系图和数据流程图等。

④领域共性:领域内相似应用的共性需求和共同特征。

⑤特征模型:定义领域特征,描述领域特征之间的相互关系。

3. 领域工程

领域工程是为一组相似或相近系统的应用工程建立基本能力和必备基础的过程,它覆盖了建立可复用的软件构件的所有活动。领域工程对领域中的系统进行分析,识别这些应用的共同特征和可变特征,对刻画这些特征的对象和操作进行选择和抽象,形成领域模型,依据领域模型产生出DSSA,并以此为基础,识别、开发和组织可重用构件。因此,当用户开发同一领域中的新应用时,可根据领域模型确定新应用的需求规约,根据特定领域的软件体系结构形成新应用的设计,并以此为基础选择可复用构件组装,形成新系统。

领域工程中,信息来源主要包括现存系统、技术文献、问题域、系统开发专家、用户调查、市场分析,以及领域演化的历史记录等。以这些信息为基础,可以分析出领域中的应用需求,确定哪些需求是被领域中其他系统所共享的,从而为之建立领域模型。

6.2.2　领域分析

领域分析是领域工程的第一个阶段,这个阶段的主要目标是产生领域模型。领域模型描述领域中系统之间的共同的需求。称领域模型所描述的需求为领域需求(Domain Requirement)。主要包括领域定义和建立领域模型,主要有以下几个方面。

①进行需求分析:需求分析的内容主要有服务分析、功能分析、行为特点分析、共性与变化性分析、质量需求分析、领域术语分析和规约及交互分析活动。

②确定用领域工程的方法进行系统设计和实施过程中的主要参与者和利用的主要资源。

③在需求分析的基础上,区分领域中模块的共性和特性,以便用来组装完成特定功能的业务构件。

④确定领域中变化的部分和不变的部分:提取领域中共性的模块进行处理,用来构建领域知识库和构件库。用户可以调整领域的知识结构,从而系统化地管理和存放领域知识,以适应知识的变化。

⑤建立领域模型:领域模型是一个半形式化的领域描述,它创建一个综合知识库并影响领域中的所有开发和集成的结果。

⑥在已经建立起来的领域模型的基础上建立参考需求。

图 6-3 所示为领域分析的机制示意。[①]

常见的比较有影响的领域分析方法有面向特征的领域分析(Feature-Oriented Domain Analysis,FODA)、组织领域分析模型(Organization Domain Modeling,ODM)、基于 DSSA 的领域分析(DSSA Domain Analysis,DDA)、JIAWG 面向对象的领域分析(JIAWG Object-Oriented Domain Analysis,JODA)、领域分析和设计过程(Domain Analysis and Design

---

① 张友生.软件体系结构原理[M].第 2 版.北京:清华大学出版社,2014

Process,DADP)和动态领域分析(Dynamic Domain Analysis,DDA)等。

综上所述,可见领域分析不是一个孤立的过程,是与领域工程和应用工程的各个环节有着密切关系。在应用工程中已经被广泛使用的各种方法、技术和原则,经过补充和修改后,都可以在领域分析过程中使用,同时,领域分析依赖于领域工程、应用工程、知识工程、人工智能和信息管理等学科的支撑。在进行领域分析时,用户应该有效地理解应用本身所处的语义环境,因此掌握由该语境所产生的系统需求。通常,需要整体分析领域需要,而无需分析其中的某些实现细节,同时要注意领域分析的次序性。

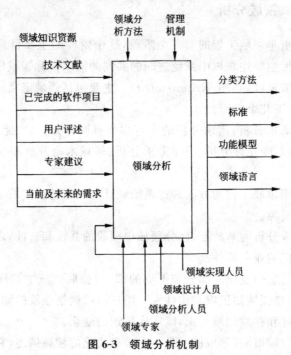

图 6-3 领域分析机制

6.2.3 领域设计

领域设计是领域工程的第二个阶段,这一阶段主要是对领域分析阶段获得的对目标领域的问题域系统责任的认识,开发出相应的设计模型。通常领域设计框架必须被一般化、标准化和文档化,让其可在创建多个软件产品时被使用。领域设计框架一般化处理的步骤如下:

①从实现中分离依赖关系,以便辨认和修改,以适应特定软件产品的需求,或满足新应用环境与技术需要。

②将框架分层,使软件资源可按照特定应用、特定操作系统以及特定硬件平台的要求进行分层。这样将使领域设计框架更容易适应特定领域软件

开发的需求。

③在每一层上,寻找适合领域设计框架的通用软件资源,然后以此为基础,寻找适合框架的其他基础性资源。

DSSA 给出了领域模型所表示的需求的解决方案,是适应领域中多个系统需求的高层次设计框架。在建立领域模型之后,就可以派生出满足被建模领域的共同需求。在形成 DSSA 的过程中,一方面要对现有系统的设计方案进行导入和归并,另一方面,由于现有系统处于特定的语义环境中,因此,在对该问题的不同解决方案进行归并时经常会出现不匹配的情况。此时有两种选择,一种是加入适配器元素,将不同设计方案连接起来;另一种则是重新进行整体框架结构的设计,以体现现有的设计思想。无论采用何种设计手段,在对 DSSA 进行复审时,固定 DSSA 中的变化性成分能够产生出具有相同或相似功能,且与现有设计相类似的解决方案。

领域设计要满足的需求应具有一定的变化性,因此,解决方案也应该是可变的。DSSA 的创建过程是以现有系统设计方案为基础的,领域设计的目标是把握已有的设计经验。因此,DSSA 的各个组成部分应该是现有系统设计框架的泛化,便于今后的实例化与信息参考。

DSSA 变化性要求 DSSA:①开发领域中的某个特定系统可以 DSSA 为基础,选择适当的构件组装,满足该特定系统的特定的需求;②领域中的可复用构件可便捷地根据 DSSA 集成组装。一般 DSSA 将满足领域需求的系统成分在 DSSA 和构件之间进行适当分配,将固定的系统成分分配在 DSSA 中,将可变的系统成分分配到构件中,同时使 DSSA 与构件间的接口尽可能地清晰、简洁,或者采用多选一和可选的解决方案。

对于领域模型中的必选需求,在 DSSA 中应该有与之对应的必选元素;对于领域模型中的可选需求,在 DSSA 中应该有与之对应的可选元素;对于领域模型中的一组多选一需求,在 DSSA 中应该有与之对应的一组多选一元素。

领域分析的主要输出结果就是领域模型。领域设计紧紧地围绕着领域模型展开,领域模型自身也会基于领域设计的决定而有所增改。脱离了领域模型的设计会导致软件不能反映其服务的领域,甚至可能无法执行期望行为。领域建模若得不到领域设计的反馈或者缺少了开发人员的参与,将会导致必须实现模型的人很难理解,且可能找不到适当的实现技术。

6.2.4　领域实现

领域实现主要是根据领域模型、DSSA 来开发和组织可重用软件元素。领域实现的主要活动包括开发可重用软件元素;对可重用软件元素进行组织,一种重要的方法是将可重用构件加入可重用构件库中。这些可重用软件元素可能是利用再工程技术从现有系统中提取而得也可能是在新开发过程中获的。

构件库中所包含的可重用构件覆盖了领域模型、领域设计框架和源代码多种抽象层次,体现为系统、框架以及类的不同粒度和形态。可重用构件的组织也是根据领域模型和领域设计框架来完成的。

用户在建立可重用构件库时,首先应该将这些可重用构件入库,描述它们之间的关联,阐明 DSSA 与其可重用成分之间的组装关系。在将实现级别的可重用构件入库时,要精细化构件与构件之间的关系,这样,可重用构件库就可参照 DSSA 组织和管理了。在开发领域新应用时,通过重用构件库中的各种层次、不同粒度和形态的构件来提高软件开发的效率和质量。

领域工程是一个反复的、逐步求精的过程。在实施领域工程的每个阶段中,都可能返回到以前的步骤,对以前步骤所得到的结果进行修改和完善;然后从当前步骤出发,在新基础之上进行本阶段的分析、设计和实现工作。

6.3 特定领域的软件体系结构的应用工程

6.3.1 特定领域软件体系结构的应用工程概述

所谓应用工程是指在领域工程基础上,对某一具体应用所实施的开发过程。应用工程是对领域模型的实例化过程,可以为单个应用设计提供最佳的解决方案。应用工程和软件工程的所有步骤基本上都是类似的,只不过在每一步骤中,都以领域工程的结果为基础实施开发活动。

与一般的软件开发过程类似,应用工程可以划分为应用系统分析、应用系统设计和应用系统实现与测试 3 个阶段。在每一阶段中,都可由构件库中得到可重用的领域工程结果,将其作为本阶段集成与开发的基础。在应用系统分析阶段,用户需求可作为领域模型中的具体实例,同时领域模型还可以作为应用工程中用户需求分析的基础。在应用系统设计阶段,领域体系结构模型为应用的设计提供了相关的参考模板;在应用系统实现与测试阶段,软件工程师可以直接使用构件库中的构件进行新应用的开发,而无须关心构件的内部实现细节。

1.应用系统分析

应用系统分析主要是根据领域工程所获取的分析模型,对照用户的实际需求,确认领域分析模型中的变化性因素,或提出新应用需求,以建立该系统的分析模型。其中,主要包括确定具体的业务模型、固定领域分析模型中的变化因素以及调整领域需求模型等活动。终端用户的持续参与是建立良好的分析模型的关键。

2. 应用系统设计

应用系统设计是以领域工程所获得的 DSSA 为基础,对照应用的具体分析模型,给出该系统的设计方案。应用系统设计的核心环节是根据系统的需求模型,固定 DSSA 中相关的变化成分。针对用户提出的新需求,本阶段应当给出与之相对应的解决方案。并且若与领域相关的知识有所增加,则可能需对 DSSA 进行一定的调整,以优化领域工程的设计方案。

3. 应用系统实现与测试

本阶段是以领域模型和构件为基础,根据具体应用的设计模型,按照框架来集成组装构件,同时编写必要代码,来实现并测试最终系统。

在开发阶段,应用工程将固定领域需求中的变化性因素。对非常成熟的领域而来,对需求变化性因素的固定更适于在开发的后续阶段进行,以满足不同用户的实际需求。开发的后续阶段包括安装、启动和运行等。在安装阶段,通过系统剪裁固定可变性;在启动阶段,通过参数实例化可变性;在运行阶段,通过动态配置控制可变性。

6.3.2　领域工程与应用工程 [①]

在应用工程中,软件开发人员的任务是以领域工程的成果为基础,针对一组特定的需求产生一组特定的设计和实现。其中的行为和行为产生的结果基本上是针对当前开发的特定系统的。与此相对,在领域工程中,领域工程人员的基本任务是对一个领域中的所有系统进行抽象,而不再局限于个别的系统。因此,与应用工程相比,领域工程处于一个较高的抽象级别上。在领域工程中,对领域中相似系统的共同特征进行了抽象,并通过领域模型和 DSSA 表示了这些共同特征之间的关系。

领域工程和应用工程之间又是互相联系的。一方面,通过应用工程得到的现有系统是领域工程的主要信息来源,领域工程的各个阶段主要是对应用工程中相应阶段的产品进行抽象。领域工程的产品领域模型、DSSA、可重用构件等,又对本领域中新系统的应用工程提供了支持。另一方面,领

① 李金刚,赵石磊,杜宁.软件体系结构理论及应用[M].北京:清华大学出版社,2013

域工程和应用工程需要解决一些相似的问题,例如,如何表示需求规约,如何进行设计,如何表示设计模型,如何进行构件开发,如何在需求规约等。因此,领域工程的步骤、行为、产品等很多方面都可以和应用工程进行类比。

在领域工程中,DSSA 作为开发可重用构件和组织可重用构件库的基础,说明了功能如何分配到构件,并说明了对接口的需求,因此,该领域中的可重用构件应依据 DSSA 来开发。DSSA 中的构件规约形成了对领域中可重用构件进行分类的基础,这样组织构件库,有利于构件的检索和重用。在应用工程中,经裁剪和实例化形成特定应用的体系结构,由于领域分析模型中的领域需求具有一定的变化性,DSSA 也要相应地具有变化性,并提供内在的机制在具体应用中实例化这些变化性,即 DSSA 在变化性方面要求更为严格。

综上可知,领域工程与应用工程有一些类似问题需解决,故在应用工程中成熟应用的方法、技术和原则也可在领域工程中实施,但值得注意的是,在将这些方法、技术和原则用于领域工程时,要进行必要的补充和修改,以适应新的环境。某种程度上可将领域分析看作是一种知识获取的过程,人工智能学已提供了与知识获取、知识表示和知识维护相关的方法,这些都可以为领域分析提供支持。领域工程研究需要这些方法和技术的支持,同样,这些方法和技术也会对应用工程的研究提供相应的帮助。领域工程与应用工程的关系如图 6-4 所示。

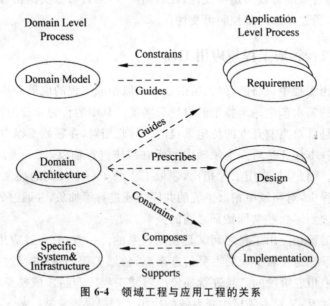

图 6-4 领域工程与应用工程的关系

6.4　特定领域的软件体系结构的生命周期

图 6-5 所示为 R.Balzer 提出的一个基于 DSSA 的软件开发生命周期。DSSA 的生命周期与重用技术有着密切的关联关系,一方面,软件开发的费用是极其昂贵的,通过重用可以降低成本;另一方面,软件工程技术已经开始成熟,积累的软件资源非常丰富,为重用提供了前提条件。在基于 DSSA 的软件开发过程中,重用日益受到人们的重视。

DSSA 生命周期中抽象级别较高的产品的重用(如特定领域软件体系结构重用)是在项目级别进行的,定义了重用的指南和过程、度量标准以及衡量重用的效率。与个别的重用相比,系统化的重用对于提高软件质量和生产效率具有更大的作用,也是软件重用研究的重点。

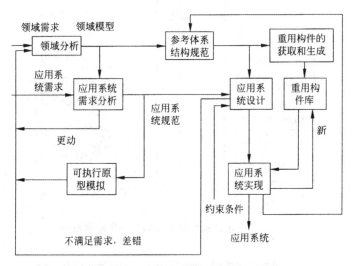

图 6-5　DSSA 的生命周期

系统地进行重用的关键是明确应用领域,更加准确地说,是确定共享设计决策的软件系统集合。基于 DSSA 的重用是软件工程的一种范型,从建造单个系统上升为根据 DSSA 来创建一系列需求相似的应用系统。研究基于 DSSA 的软件开发,必须把 DSSA 重用作为一个主要的组成部分。

在系统化的软件重用中,不仅存在一组可重用构件,而且定义了在新的应用系统的开发过程中重用哪些构件以及如何进行适应性修改。由于一般性地识别、表示和组织可重用信息是困难的,因此,系统化的重用将注意力集中于特定的领域。

领域工程是系统化重用成功的关键。领域工程通过分析和抽象同一个领域中的现有系统信息,将一个领域的知识转化成一组规约、构架和相应的可重用构件。这些可重用信息构成了重用基础设施的重要组成部分。当一个领域中应用系统增加的时候,通过领域工程,进一步分析系统,将新系统的特征也包含在规约、构架和可重用构件中,从而使本领域中系统开发的知识和经验尽可能地反映在重用基础设施中,以促进新系统的开发。

如图 6-6 所示,在实际的开发实践中用户要从领域工程和应用工程两个角度进行考虑,可给出特定领域软件体系结构的双生命周期模型,从而使特定领域软件体系结构的各个研究方向和内容有机地统一在一起,使特定领域软件体系结构既具有严格的理论基础,又具有严格的工程原则,其双生命周期模型。

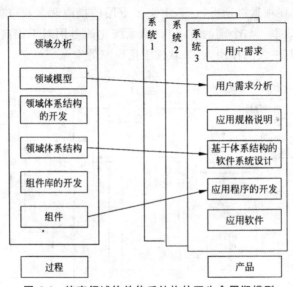

图 6-6 特定领域软件体系结构的双生命周期模型

6.5 特定领域的软件体系结构的建立

DSSA 本质上是一种软件构件的集合,采用标准的结构和协议描述,专门针对某一类特定任务设计的。一般可将基于 DSSA 的软件开发过程分为 DSSA 本身的建立和基于 DSSA 的应用开发两个步骤。其中,第一个步骤的核心是建模,即建立一个在领域内可重用的体系结构模型;第二个步骤是针对实际系统的开发过程,它直接利用已有的 DSSA 模型。基于 DSSA 的软件开发是并发的、递归的、反复的过程,是一个螺旋形模型。

在应用 DSSA 方法开发之前,须先构建好 DSSA 本身,即建立组成 DSSA 的信息元素,其由领域模型、参考需求和参考体系结构 3 个部分组成,同时还要构造支持工具、建立 DSSA 的支撑环境,它们都是基于 DSSA

的应用开发的前提。

建立领域模型的过程称为领域分析。领域分析的工作主要是在一个特定的问题空间内,定义一系列相似系统中的对象和操作,并捕捉和组织,使用标准语法对其描述,以便重用。建立领域模型的基本信息来源(输入)是客户需求说明和场景方案。客户需求说明和场景都是非正式的用户需求,它们都针对问题空间,从总体上描述了某个领域内需要解决的问题,即划分了领域的边界。领域模型的表示(输出)是一系列领域字典、上下文块图、E－R图、数据流图、状态转换图。建立状态转换模型后,领域分析师返回到领域字典的建立步骤,扩充字典表,并重新建立 E－R 图、数据流图和状态转换图,最后,作为领域分析的结束,建立对象模型。综上可知领域分析是一个螺旋上升过程。

Arango 和 Prieto－Diaz 在总结各种领域分析方法的基础之上,提出了 DSSA 领域分析的过程框架,如图 6-7 所示。

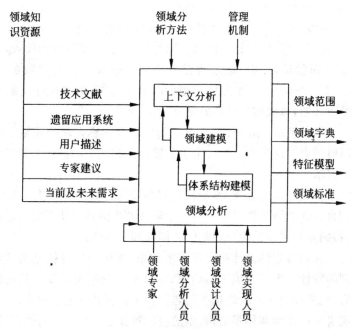

图 6-7 DSSA 领域分析过程框架

图 6-7 显示了领域分析过程所涉及的主要输入、输出、控制和过程。领域分析活动的信息源即领域知识,主要包括领域内遗留系统中的各种形式信息,例如源代码、技术文档等。领域模型所描述的需求常被称为参考需求或领域需求,主要通过考察领域中已有系统的需求获取的。依据已获取的领域需求,可建立领域模型。领域模型是一个半形式化的领域描述,映射出

领域的真实需求,它创建一个综合性的知识库,并影响领域中的所有开发活动和集成过程。

参考需求是作用于整个领域的需求,具有普遍性和共性。参考需求分析主要集中于以下方面:

①非功能需求分析,如安全性、容错性、响应时间等。

②设计需求,即设计决策,主要是软件体系结构风格的选择,由此风格引出的元件的风格和主用户界面风格,以及在此风格下的性能和成本评估。

③实现需求,即实现决策,如编程语言、开发平台、硬件设施、运行平台等。

参考需求分析也遵循螺旋形模型。

因领域各异,DSSA 的创建和使用过程也有区别,Tracz 曾提出一个通用的 DSSA 应用过程,该过程需要根据所应用的领域进行调整,且该过程目标是以一组实现约束为基础,将用户需求映射成系统需求和软件需求,并利用系统需求和软件需求来定义 DSSA。

DSSA 的建立过程分为 5 个阶段,每个阶段可以进一步划分为一些步骤或子阶段。每个阶段包括一组需要回答的问题,一组需要的输入,一组将产生的输出和验证标准。该过程是并发的(concurrent)、递归的(recursive)、反复的(iterative),即为螺旋型(spiral)。完成本过程可能需要对每个阶段经历几遍,每次增加更多的细节。

①定义领域范围:本阶段的重点是确定什么在感兴趣的领域中以及本过程到何时结束。这个阶段的一个主要输出是领域中的应用需要满足一系列用户的需求。

②定义领域特定的元素:本阶段的目标是编译领域字典和领域术语的同义词词典。在领域工程过程的前一个阶段产生的高层块图将被增加更多的细节,特别是识别领域中应用间的共同性和差异性。

③定义领域特定的设计和实现需求约束:本阶段的目标是描述解空间中有差别的特性。不仅要识别出约束,并且要记录约束对设计和实现决定造成的后果,还要记录对处理这些问题时产生的所有问题的讨论。

④定义领域模型和体系结构:本阶段的目标是产生一般的体系结构,并说明构成它们的模块或构件的语法和语义。

⑤产生、搜集可重用的产品单元:本阶段的目标是为 DSSA 增加构件使得它可以被用来产生问题域中的新应用。

DSSA 的建立过程具有并发、递归和反复性。主要是为了将用户的需要映射为基于实现约束集合的软件需求,该需求定义了 DSSA。在此之前的领域工程和领域分析过程并没有对系统的功能性需求和实现约束进行区分,而是统称为"需求"。图 6-8 所示为 DSSA 的一个三层次系统模型。

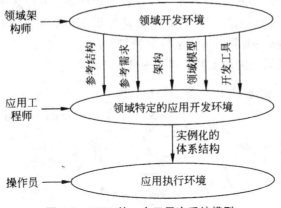

图 6-8　DSSA 的一个三层次系统模型

　　DSSA 的建立需要设计人员对所在特定应用领域(包括问题域和解决域)必须精通,他们要找出合适的抽象方式来实现 DSSA 的通用性和可重用性。通常 DSSA 以一种逐渐演化的方式发展。

　　值得注意的是,DSSA 的设计应满足领域模型中的依赖关系和相关约束信息,同时应该以适当的方式来支持可变特征的绑定。常见的需遵循的 DSSA 的设计原则如下:

　　①分离共性和可变性,提高构件的可重用性。

　　②满足模型中可变特征的不同绑定时间的要求。

　　③尽可能降低构件的重用成本,提高重用效率。其中,重用成本体现为重用者对构件的定制成本,而重用效率体现为构件的粒度和功能。

　　④保持 DSSA 模型与特征模型中元素边界的一致性,DSSA 应该体现出清晰的逻辑边界。

　　⑤开发特定领域范围内的类属和广泛适用的领域构件,以实现最大程度的软件重用。

　　⑥领域知识和领域基础结构的形式化表示,作为领域建模的信息源。

　　⑦领域分析过程的细化描述,以方便开展建模工作。

　　⑧领域产品的层次化处理,便于领域工程与应用工程的实施。

6.6　特定领域的软件体系结构的开发过程

　　特定领域软件体系结构反映了领域内各系统之间在总体组织、全局控制、通信协议和数据存取等方面的共性和个性差异,非常适合描述复杂的大型软件系统。随着特定领域软件体系结构研究的快速发展,软件重用的层次将越来越高。在开发新应用系统时,重用系统结构和构件,将主要精力投入到软件的新增功能上,可很大程度上提高软件项目开发效率。

通常所说的基于 DSSA 的应用开发是指在 DSSA 开发环境下进行的应用系统开发;一个应用系统是特定领域内的系统实例。基于 DSSA 的应用开发过程及其相关的支持工具如图 6-9 所示。

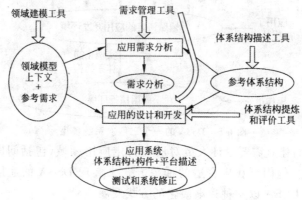

图 6-9　基于 DSSA 的应用开发过程

由于 DSSA 开发方法的重点不是应用,而是重用,主要目标是开发领域中的一族应用程序。用户使用这种方法,有助于对问题有一个更广泛、深刻的理解,有利于开发面向重用的领域框架和构件,提高软件的生产效率。

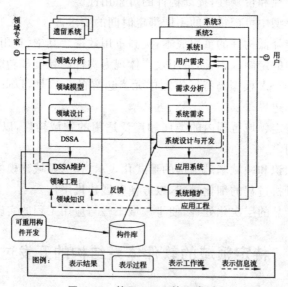

图 6-10　基于 DSSA 的开发过程

从应用开发者的角度来看,软件分析阶段和软件设计阶段的主要任务是从 DSSA 中导出特定应用的体系结构框架。软件实现阶段的主要任务则是根据系统体系结构框架来选择构件，以实现该应用系统。因此，在整个生命周期中，特定领域软件体系结构和可重用构件始终是开发过程中的核心内容。基于 DSSA 的开发过程如图 6-10 所示。

　　特定领域中虽然 DSSA 是系统组织结构中相对稳定的部分，但随着领域需求的不断变化和对领域理解的进一步深入，将启动新一轮的领域工程，需要对 DSSA 进行演化，其演化过程如图 6-11 所示。

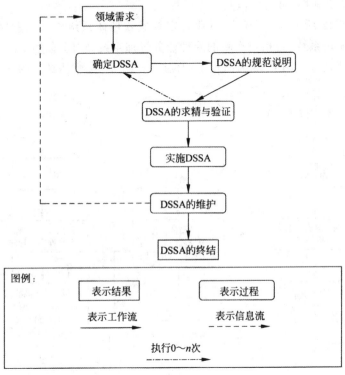

图 6-11　DSSA 的演化过程

　　特定领域体系结构 DSSA 的演化过程描述如下。

　　①根据领域需求确定 DSSA。描述满足领域需求的由构件、构件之间的连接以及约束所表示的系统体系结构。

　　②DSSA 的规范说明。运用合适的形式化数学理论对 DSSA 模型进行规范定义，得到 DSSA 的规范描述，以使其创建过程更加精确并且无歧义。

　　③DSSA 的求精及验证。DSSA 是通过从抽象到具体逐步求精得到的。在 DSSA 的求精过程中，需要对不同抽象层次的 DSSA 进行验证，以判断具体的 DSSA 是否与抽象的 DSSA 的语义之间保持一致，并能实现抽象的 DSSA。

　　④实施 DSSA。将 DSSA 实施于领域的系统设计之中。

⑤DSSA 的维护。经过一段时间的运行之后，领域需求可能会发生变化，要求 DSSA 能够反映需求的变化，维护 DSSA 就是将变化的领域需求反馈给领域模型，促使 DSSA 进一步修改与完善。

⑥DSSA 的终结。当领域需求发生巨大变化时，DSSA 已经不能满足领域的设计要求，此时，需要摈弃原有的 DSSA。

在 DSSA 的演化过程中，①～③可能要反复地进行多次，以保证最终 DSSA 的正确性、可行性以及可追踪性。

图 6-12 所示为一个保险行业特定领域软件体系结构。注意这里的保险行业应用系统，特指财产险的险种业务管理系统，它同样适用于人寿险的业务管理系统。图 6-12 为简化了的保险行业 DSSA 整体结构图。

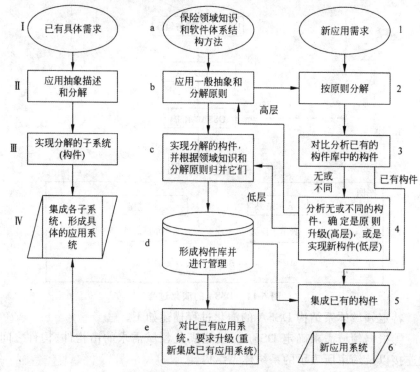

图 6-12　保险行业 DSSA 整体结构图

图 6-12 从左到右反映了研究和开发大型保险业务应用系统的历程，中间的环节引入了 DSSA 的概念。从实践的角度看，通用和共享的概念是自发的。但是当研究了国外有关 DSSA 的最新发展之后，建立了整体的方法论，并以此可以与国外同类技术发展进行沟通，取长补短，形成适合中国国情的 DSSA 体系，避免应用总是在图 6-12 中最左一列反复地重复开发，失去了与国外同行交流和吸取精华的机会。

图 6-12 中分为左、中、右三个纵向，分别采用不同的标号方式，三个纵向也分别反映应用开发从低层次体系结构向高层次体系结构转化的过程，而这种转化的依据恰好是保险领域的特殊知识。

参考文献

[1]王映辉.软件构件与体系结构[M].北京:机械工业出版社,2009.

[2]张友生.软件体系结构原理[M].第 2 版.北京:清华大学出版社,2014.

[3]付燕.软件体系结构实用教程[M].西安:西安电子科技大学出版社,2009.

[4]李金刚,赵石磊,杜宁.软件体系结构理论及应用[M].北京:清华大学出版社,2013.

[5]白宁.基于软件复用的商业供应链系统 DSSA 的建模[D].太原理工大学,2002.

[6]王小刚,黎扬,周宁.软件体系结构[M].北京:北京交通大学出版社,2014.

[7]李克勤,陈兆良,梅宏,杨芙清.领域工程概述[J].计算机科学,1999.

[8]王建亚.非成熟领域可复用资源演化机制及其支持工具的研究[D].河北大学,2006.

[9]于嘉.基于 DSSA 的大地电磁测深资料处理解释系统的设计与实现[D].成都理工大学,2009.

[10]王佳.基于领域工程和构件技术的林业 GIS 系统研究[D].北京林业大学,2009.

[11]李坤.面向领域的软件体系结构复用与演化[D].华中科技大学,2007.

[12]丁树贵.基于领域工程的软件复用技术的研究与实现[D].南京航空航天大学,2008.

[13]王广昌.软件产品线关键方法与技术研究[D].浙江大学,2001.

[14]郭玉峰.基于 DSSA 的软件开发在电话语音服务领域中的研究和应用[D].西安电子科技大学,2005.

[15]李河.基于构件复用的测井解释系统及成像测井图像处理与自动

识别技术研究[D].吉林大学,2005.

 [16]孟宪媛.印染行业生产管理领域特征建模方法的研究[D].大连理工大学,2005.

 [17]邹婷婷.领域工程方法在港航信息系统中的应用研究[D].大连海事大学,2008.

第7章 主流软件体系结构

本章主要对面向服务的软件体系结构、Web Service 技术、Android 系统以及云计算体系结构进行了介绍。重点介绍了各种体系结构的系统模型与优缺点。

7.1 面向服务的软件体系结构

服务模型的诞生促进了 Web 应用模式的发展,建立了新型的服务计算(Service Computing)范型,面向服务的软件体系结构(Service Oriented Architecture,SOA)就是在这种环境下产生的,并且得到了迅猛的发展。

传统 Web 应用模式的核心是在互联网环境下实现计算机使用的交互式使用模型,而服务计算范型的核心则是在互联网环境下实现计算机使用的程序式使用模型。因此,从计算机使用角度看,服务模型完善了面向互联网环境的人类使用互联网(虚拟计算机)的两种使用方式。同时,也为在互联网环境中进行(面向服务的)应用程序的设计与开发建立了完善的计算机应用开发的逻辑视图。也就是说互联网中的所有服务及其访问接口是基本的系统功能调用接口,通过这些接口可以开发面向互联网环境的应用程序,这种程序本质上可以是一种服务(即复合服务或动态框架)或一种直接面向用户的 Web 应用界面。图 7-1 给出了 Web 应用模式的变迁。图 7-2 给出了面向互联网环境的计算机使用逻辑视图。

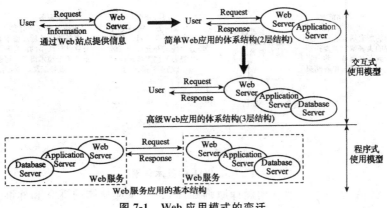

图 7-1 Web 应用模式的变迁

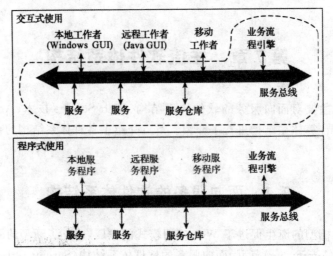

图 7-2　面向互联网环境的计算机使用逻辑视图

　　SOA 以服务模型为基础,定义了部署服务和管理服务的方式。由于服务模型的本质是面向业务并独立于具体环境、平台和技术,因此 SOA 可以十分容易地直接映射到业务流程。SOA 有效地分离了业务分析师(定义如何将服务组合起来实现业务流程)和服务开发者(实现满足业务需求的服务)的关注点并建立了填补两者缝隙的胶水。另外,SOA 一种统一的描述模型将现有系统和新系统集成起来。这些特点使得 SOA 成为具有高缩伸缩性、可扩展性和灵活演化能力及永久敏捷性的企业 IT 基础结构。图 7-3 所示是 SOA 的基本体系。

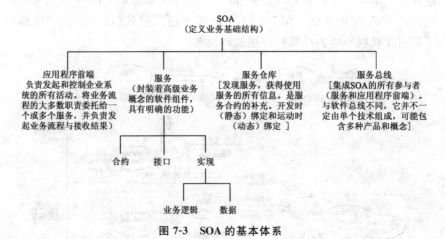

图 7-3　SOA 的基本体系

　　SOA 是一种体系结构设计原则和理念,不涉及具体的理念和标准。因此,SOA 的具体案例可以基于各种分布式计算环境和平台,比如:分布式对象计算环境、面向消息的、事务处理监控器、自行开发的中间件或 B2B(Business to Business)平台等等。也就是说随着软件模型及体系结构的发展，我们一直在进行 SOA 的实践。然而，服务模型的诞生使得 SOA 真正得以实现。因此，SOA 主要是建立在 Web Services 系列规范基础上。

SOA 的一种观点将其描述为与业务过程结合在一起的分层架构，如图 7-4 所示。

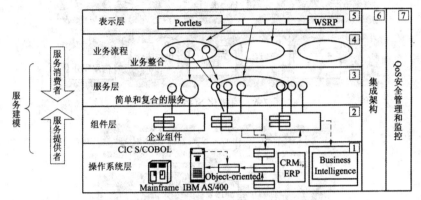

图 7-4　SOA 分层结构

由图 7-4 可以看出，SOA 共分为七个层次，从低到高依次是操作系统层、企业组件层、服务层、业务过程合成或编排层、访问或表现层、集成(ESB)、QoS。

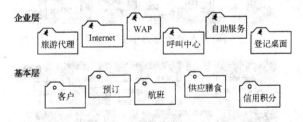

图 7-5　基础 SOA 的实现

下面通过航空公司的乘客登记服务系统举例说明 SOA 部署方案。航空公司的乘客登记服务系统是一种典型的多渠道应用系统，可以通过多种方式实现和部署，例如基于 Web 实现、通过 EAI(Enterprise Application Integration，企业应用集成)实现、通过 B2B(Business to Business，业务对业务)实现、基于胖客户端实现和基于小型移动设备的实现等。但是，SOA 是实现多渠道应用的极有效方式。它允许构建可重用的功能基础结构，管理异构性，并允许方便地访问数据和业务逻辑，为成功构建多渠道应用奠定强大的基础。图 7-5、图 7-6、图 7-7 给出了航空公司的乘客登记服务系统的

SOA 部署方案。

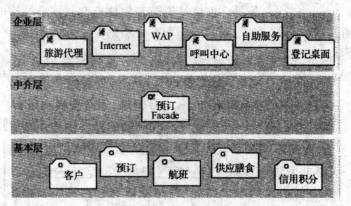

图 7-6 网络化 SOA 的实现

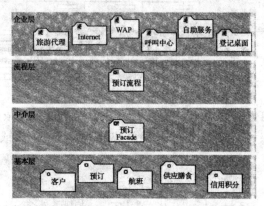

(a)引入以流程为中心的服务

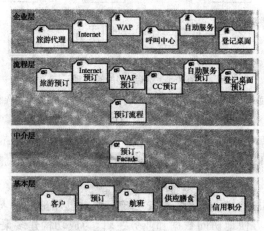

(b)每个渠道都需要各自的渠道专用流程逻辑

图 7-7 流程化 SOA 的实现

7.2　WebService 技术

7.2.1　WebService 概述

目前,Internet 已迅速普及并成长为新一代的分布式计算平台,大量的数据资源、计算资源和应用资源部署于此平台之上。而作为一种新兴的 Web 应用模式,Web Services 已经成为分布式计算的主流形式,标志着互联网应用迎来了新的变革。随着 Internet 的快速发展,很多商业机构希望能够把自己的企业运维系统集成到分布式应用环境中,例如在线支付、在线订票和在线购物等。为了实现这一目标,万维网联盟(World Wide Web Consortium,W3C)提出了 Web 服务(Web Services)的概念。Web Services 是 W3C 制定的一套开放和标准的规范,是一种被人们广泛接受的新技术。当应用客户端需要一种 Web 程序时,Web Services 允许自动地通过 Internet 在注册机构中查找分布在 Web 站点上的相关服务,自动与服务进行绑定并进行数据交换,不需要进行人工干预。如果多个 Web 站点提供了相同或相似的功能,在当前 Web Services 出现问题时,可以方便地切换到其他的 Web Services,不影响请求的正常执行。此外,Web Services 本身也可以使用其他的服务,这样可以形成一个链式结构。Web Services 是建立可互操作的分布式应用程序的技术平台,它提供了一系列标准,定义了应用程序如何在 Web 上进行互操作的规范。开发者可以使用自己喜欢的编程语言,在各种不同的操作系统平台上编写 Web Services 应用。与此同时,可扩展标志语言 XML(eXtensible Markup Language)使信息传输摆脱了平台和开发语言的限制,为网络上各种系统的交互提供了一种国际标准。简单对象访问协议(Simple Object Access Protocol,SOAP)为服务请求和消息格式定义了简单的规则,并得到了大量软件开发商和运营商的支持。这些技术的快速发展,为 Web Services 的应用提供了坚实的基础。

W3C 将 Web Services 定义为:Web Services 是为实现跨网络操作而设计的软件系统,提供了相关的操作接口,其他应用可以使用 SOAP 消息,以预先指定的方式与 Web Services 进行交互[①]。Web Services 提供了一种分布式的计算方法,将通过 Intranet 和 Internet 连接的分布式服务器上的应用程序集成在一起。Web Services 建立在许多成熟的技术之上,以 XML

---

① 王小刚,黎扬.软件体系结构[M].北京:北京交通大学出版社,2014

为基础,使用 Web Services 描述语言(Web Services Description Language,WSDL)来表示服务,在注册中心上,通过统一描述、查找和集成协议(Universal Description DiscoVeryand Integration,UDDI)对服务进行发布和查询。各个应用通过通用的 Web 协议和数据格式,例如 HTTP、XML 和简单对象访问协议(Simple object Access Protocol,SOAP)来访问服务。Web Services 实现的功能可能是响应客户的一个简单请求,也可能是完成一个复杂的业务流程。Web Services 能使应用程序以一种松散耦合的方式组织起来,并实现复杂的交互。图 7-8 所示为 Web Service 的封装和调用。图 7-9 所示为 Web Service 封装和调用的实例。

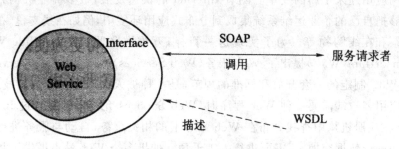

图 7-8　Web Service 的封装和调用

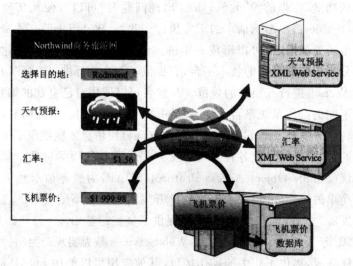

图 7-9　封装和调用的实例

　Web Services 的目标是消除语言差异、平台差异、协议差异和数据结构差异,成为不同构件模型和异构系统之间的集成技术。Web Services 独立于开发商、开发平台和编程语言提供了足够的交互能力,能够适合各种场合的应用需求。此外,对于程序员来说,Web Services 易于实现和发布。Web Services 有两层含义,它首先是一种技术和标准,然后是一种软件和功能。

采用软件构件技术,可以让应用系统易于组装,通过网络随时增减构件来调整功能,使系统的开发过程和维护过程更容易实现,同时,可以快速地满足客户需求。另外 Web Services 也是一种通过网络存取的软件构件,使应用程序之间可以通过共同的网络标准来进行交互。

Web Services 技术的优点可以概括为以下几个方面。

①良好的封装性、开放性、维护性和伸缩性:Web Services 是一种部署在网络上的对象,具备良好的封装性。对使用者而言,仅能看到对象所提供的功能列表,而对服务的内部细节,无须做更多了解。服务提供者可以独立调整服务以满足新的应用需求,而使用者可以组合变化的服务来实现新的需求,体现了良好的伸缩性。

②高度的集成性、跨平台性和语言独立性;屏蔽了不同款构件平台的差异,无论是 CORBA 构件,还是 EJB 构件都可以通过标准协议进行交互,实现了当前环境下的高度集成。WebServices 利用标准的网络协议和 XML 数据格式进行通信;具有良好的适应性和灵活性,任何支持这些网络标准的系统都得以进行 Web Services 请求与调用。

③自描述和发现性以及协议通用性:以 SOAP、WSDL 和 UDDI 为基础,提供了一种 Web Services 的自描述和发现机制。计算机能够发现并调用 Web Services,从而实现系统的无缝和动态集成。Web Services 利用标准的 Internet 协议,例如 HTTP、SMTP 和 FTP,解决了基于 Internet 或 Internet 的分布式计算问题。

④协约的规范性:作为 Web Services,对象界面所提供的功能应当使用标准的描述语言进行刻画,这将有利于 Web Services 的发现和调用。

⑤松散的耦合性:Web Services 接口封装了具体的实现细节,只要接口不变,无论服务的实现如何发生改变,都不会影响调用者的使用。

7.2.2　WebService 体系结构模型

Web Services 把所有的对象都看成是服务,这些服务所发布的 API 为网络中的其他服务所使用。通常,可以从两种不同的角度来分析 Web Services,一是根据功能来划分 Web Services 中的角色,分析角色之间的通信关系,形成 Web Services 体系结构模型;二是根据操作所要达到的目标,制定相应的技术标准,形成 Web Services 协议栈。

Web Services 体系结构模型描述了 3 种角色,包括服务提供者、服务注册中心和服务请求者,定义了 3 种操作,即查找服务、发布服务和绑定服务,同时给出了服务和服务描述两种操作对象。Web Services 请求者与 Web Services 提供者紧密地联系在一起,服务注册中心起到了中介的角色。一个 Web Services 既可以充当服务提供者,也可以作为服务请求者,或者二者兼有。Web Services 体系结构模型如图 7-10 所示,其中的 3 种角色可以描述如下。

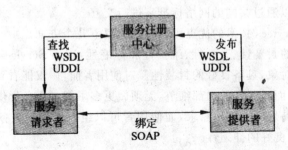

图 7-10　Web Services 体系结构模型

①服务请求者:实现服务的查找与调用,请求服务注册中心查找满足特定条件并且可用的 Web Services,然后,服务请求者将与服务提供者绑定,进行实际的服务调用。

②服务注册中心:集中存储服务的描述信息,便于服务请求者的查找。服务提供者在服务注册中心注册所能提供的服务。对服务请求者来说,服务绑定的方式有静态绑定和动态绑定两种。静态绑定是指在开发应用程序时,编程人员查询相关的服务描述,获得服务接口信息。动态绑定是指服务请求者在运行过程中从服务注册中心获得 Web Services 信息并动态调用相关的功能。

③服务提供者:给出可通过网络访问的软件模块,负责将服务信息发布到服务注册中心,响应服务请求者,提供相应的服务。

Web Services 体系结构的 3 种操作的描述如下。

①发布服务。服务提供者定义了 Web Services 描述,在服务注册中心上发布这些服务描述信息。

②查找服务。服务请求者使用查找服务操作从本地或服务注册中心搜索符合条件的 Web Services 描述,可以通过用户界面提交,也可以由其他 Web Services 发起。

③绑定服务。一旦服务请求者发现合适的 Web Services,将根据服务描述中的相关信息调用相关的服务。

如图 7-11 所示,实现一个完整的 Web Services 过程通常需要以下步骤。

①服务提供者根据需求设计实现 Web Services,使用 WSDL 描述服务的相关信息,将服务描述信息提交到服务注册中心,并对外进行发布,注册过程遵循统一描述、查找和集成协议 UDDI。

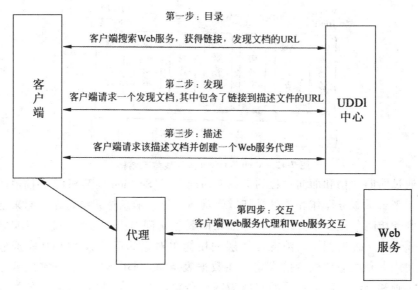

第一步：目录
客户端搜索Web服务，获得链接，发现文档的URL

第二步：发现
客户端请求一个发现文档,其中包含了链接到描述文件的URL

第三步：描述
客户端请求该描述文档并创建一个Web服务代理

第四步：交互
客户端Web服务代理和Web服务交互

图 7-11　Web Services 的执行过程

②服务请求者向服务注册中心提交特定服务请求,服务请求使用 WS-DL 进行描述,服务注册中心根据请求查询服务描述信息,为请求者寻找满足要求的服务,查询过程遵循统一描述、查找和集成协议 UDDI。

③服务注册中心找到符合条件的 Web 请求,向服务请求者返回满足条件的 Web Services 描述信息,该描述信息使用 WSDL 来书写,各种支持 Web Services 的节点都能够理解,客户端创建代理,然后执行④对应的步骤,否则返回提示信息并结束流程。

④服务请求者根据服务描述信息与服务提供者进行绑定,服务调用请求被封装在 SOAP 协议中,实现 Web Services 调用。

⑤服务提供者执行相应的 Web Services,将操作结果封装在 SOAP 协议中,返回给服务请求者。

为了通过 Web Services 体系结构模型执行查找服务、注册服务和绑定服务 3 种交互操作,有必要制定一套标准的通信协议体系。Web Services 协议栈结构如图 7-12 所示。

在 Web Services 服务流层中,主要采用 Web 服务流程语言(Web Service Flow Language,WSFL)和业务流程执行语言(Business Process Execution Language,BPEL)将一系列 Web Services 操作连接起来,按照一定的规则来描述事务流程,以完成不同服务的整合。在 Web Services 查找层和发布层,主要使用 UDDI 协议。Web Services 描述层采用 WSDL 表示,利用 XML 将 Web Services 表示为一组服务访问节点。服务使用者可

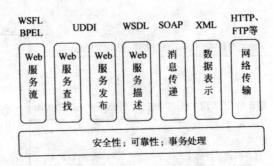

图 7-12 Web Services 协议栈体系结构

以通过面向文档和面向过程的消息来访问 Web Services。WSDL 以抽象的方式来表示服务操作和消息,同时,将具体协议和消息格式绑定在一起来定义服务访问节点。服务提供者与抽象的服务访问节点关联在一起,以实现 Web Services 的调用。消息传递层利用简单对象访问协议 SOAP 完成服务使用者和服务提供者的绑定。在数据表示层,利用 XML 语言完成数据的刻画和描绘。以上各层的基础为网络传输层,在这一层可以采用各类既有的协议,包括文本传输协议、简单邮件传输协议和文件传输协议等实现传输功能。同时,安全、可靠和事务处理是网络传输层中重点关注的性能。WS—Security 是实现安全 Web Services 的基本构件,能够支持 Kerberos 和 X509 等安全模型。WS—Federation 使企业和组织能够建立一个虚拟的安全区域。WS—Reliable Messaging 确保消息在恶劣环境中也能可靠传递,避免了消息丢失和连接不可靠等问题。同时,Web Services 定义了事务处理规范,针对事务处理采用锁的机制,支持事务的一致性检查及协调操作。

7.2.3 WebService 重要协议

1. SOAP

对于应用程序开发来说,使程序之间进行互联网通信是很重要的。很多应用程序通过使用远程过程调用(RPC)在诸如 DCOM 与 CORBA 等对象之间进行通信,RPC 会产生兼容性及安全问题,防火墙和代理服务器通常会阻止此类流量[1]。通过 HTTP 在应用程序间通信是更好的方法,因为 HTTP 得到了所有因特网浏览器及服务器的支持。SOAP 就是被创造出来完成这个任务的。

---

① 王小刚,黎扬.软件体系结构[M].北京:北京交通大学出版社,2014

　　SOAP 提供了一种标准的方法,使得运行在不同的操作系统并使用不同的技术和编程语言的应用程序可以互相进行通信。

　　SOAP 消息就是一个普通的 XML 文档,包含下列元素:

　　①必需的 Envelope 元素,可把此 XML 文档标识为一条 SOAP 消息。

　　②可选的 Header 元素,包含头部信息。

　　③必需的 Body 元素,包含所有的调用和响应信息。

　　④可选的 Fault 元素,提供有关处理此消息所发生错误的信息。

　　SOAP 消息的基本结构如下。

＜? xmlversion＝"1.0"? ＞

＜soap:Envelope

xmlns:soap＝"http://www.w3.org/2001/12/soap－envelope"

soap:encodingStyle＝"http://www.w3.org/2001/12/soap－enco-ding"＞

　　＜soap:Header＞

　　　　…

　　＜/soap:Header＞

　　＜soap:Body＞

　　　　…

　　＜soap:Fault＞

　　　　…

　　＜/soap:Fault＞

　　＜/soap:Body＞

　　＜/soap:Envelope＞

2. WSDL

　　WSDL 是指 Web 服务描述语言。WSDL 是一种使用 XML 编写的文档,这种文档可描述某个 Web Service[①]。它可规定服务的位置,以及此服务提供的操作(或方法)。

　　WSDL 文档是利用表 7-1 所示的这些主要的元素来描述某个 Web Service 的。

---

①　王小刚,黎扬.软件体系结构[M].北京:北京交通大学出版社,2014

表 7-1 WSDL 文档元素

元　素	定　义
＜portType＞	Web Service 执行的操作
＜message＞	Web Service 使用的消息
＜types＞	Web Service 使用的数据类型
＜binding＞	Web Service 使用的通信协议

WSDL 文档的主要结构如下。

＜definitions＞

＜types＞

  definition　of types…

＜/types＞

＜message＞

 definition　of　a message…

＜/message＞

＜portType＞

 definition　of　a port…

＜/portType＞

＜binding＞

  definition　of　a binding…

＜/binding＞

＜/definitions＞

下面是某个 WSDL 文档的简化片段。

＜messagename＝"getTermRequest"＞

  ＜partname＝"term"type＝"xs：string"/＞

＜/message＞

＜message name＝"getTermResponse"＞

  ＜part name＝"Value"type＝"xs：string",r/＞

＜/message＞

＜portType　name＝"glossaryTerms"＞

 ＜operation name＝"getTerm"＞

   ＜input message＝"getTermRequest"/＞

   ＜output message ＝"getTermResponse"/＞

 ＜/operation＞

</portType>

在这个例子中，<portType>元素把"glossaryTerms"定义为某个端口的名称，把"getTerm"定义为某个操作的名称。

操作"getTerm"拥有一个名为"getTermRequest"的输入消息，以及一个名为"getTermResponse"的输出消息。

<message>元素可定义每个消息的部件，以及相关联的数据类型。

对比传统的编程，"glossaryTerms"是一个函数库，而"getTerm"是带有输入参数"getTermRequest"，和返回参数"getTermResponse"的一个函数。

3. UDDI

UDDI 是一套 Web 服务信息注册标准规范，信息注册中心通过实现这套规范开放各个 Web Services 的注册和查询服务。UDDI 的核心组件是业务注册，它使用一个 XML 文档来描述企业及其提供的相应服务。

在 UDDI 中定义了 5 种基本数据结构和两个附加信息。这 5 种基本数据结构分别是业务实体、业务服务、业务绑定模板、t 模型。另外，两个附带的信息是发布声明和操作信息。在注册中心发布 Web Services 信息时，应该将服务描述转化为 UDDI 所能处理的数据类型。UDDI 的数据模型如图 7-13 所示。

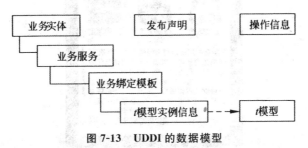

图 7-13　UDDI 的数据模型

业务实体描述了商业机构的相关信息，为服务发现提供了基础。业务服务包含了特定业务实体的相关技术细节和描述信息，与 Web Services 相对应。业务绑定模板描述了技术访问细节，每个业务服务包括一组业务绑定模板，说明服务是如何使用相关协议进行绑定的。t 模型实例信息以 t 模型实例的形式出现，提供了各种服务所必须遵循的技术规范，t 模型相当于服务接口的元数据，包括服务名称、发布服务的组织以及指向提供者的 URL，起到了服务指针的作用。附加信息中的发布声明允许 UDDI 描述商业实体之间的关系，附加信息中的操作信息记录对 UDDI 的其他数据的操作情况，这些数据主要包括更新时间、发布者和发布地点等。

7.3 Android 系统

随着科技与智能手机技术的发展，相信大家对"Android"一词都不会陌生。Android 与苹果公司的 iOS 及 RIM 的 Blackberry OS 一样，都是一种以 Linux 为基础的开放源代码操作系统，现在主要用于智能手机与平板电脑等便携式设备。Android 是 Google 公司开发的，在全球市场中遥遥领先其他同类产品。该平台由操作系统、中间件、用户界面和应用软件组成。Android 软件系列包括操作系统、中间件和一些关键应用，基于 Java 的系统，运行在 Linux 核上。Android SDK 提供多种开发所必要的工具与 API。

图 7-14 是电信公司开发的 Android 客户端软件，在开发环境模拟器上显示。

图 7-14　天翼伴侣程序界面

7.3.1 Android 的系统架构

Android 是基于 Linux 内核的软件平台和操作系统，该系统采用的是分层体系结构风格。Android 系统框架如图 7-15 所示。由图 7-15 可以看出 Android 共分为四个层次，从高层到低层分别是应用程序层、应用程序框架层、系统运行库层（包括 Android 运行时、Android 本地库）和 Linux 内核层。

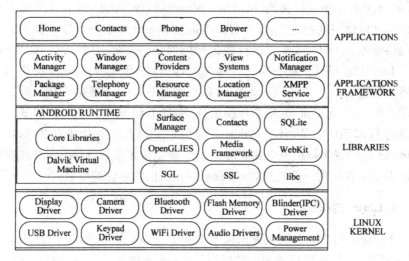

图 7-15　Android 系统框架

1. 应用程序

在应用程序层中,应用程序可以是自己编写的,也可以由第三方开发的,还有一部分程序是 Google 公司自带的(如联系人管理程序、日历、地图、Email 客户端等)。应用程序所使用的编程语言可以是 Java 的;也可以一部分是 Java 编写的,剩下的处理使用 C 或 C++,使用 JNI 调用。

2. 应用程序框架

应用程序框架是进行 Android 开发的基础,提供了 Android 平台基本的管理功能和组件重用机制。由图 7-15 可以看出,应用程序框架一共由 9 部分组成,他们分别是视图系统(View Systems)、活动管理器(Activity Manager)、通知管理器(Notification Manager)、内容提供器(Content Providers)、窗口管理器(Window Manager)、位置管理器(Location Manager)、资源管理器(Resource Manager)、电话管理器(Telephony Manager)和包管理器(Package Manager)。开发人员也可以完全访问核心应用程序所使用的 API 框架。该应用程序的架构设计简化了组件的重用,任何一个应用程序都可以使用其发布的功能块(不过要遵循框架的安全性限制)。同样,该应用程序重用机制也使用户可以方便地替换程序组件。

3. 系统运行库

Android 系统运行库层包含两部分,一是本地库,一是 Android 系统运行库。本地库中包含一些 C/C++库,例如 Web 浏览器引擎(WebKit)、

Android 平台绘制窗口和控件(urface Manager)等,Android 系统中的不同组件都可以使用这些程序,这些程序库通过 Android 应用程序框架为开发者提供服务。Android 系统运行库包括两部分,一部分是核心库和另一部分是 Dalvik 虚拟机。核心库又分为两大部分,一部分由 Java 所需调用的功能函数组成,另一部分是 Android 的核心库。Dalvik 虚拟机是一种基于寄存器的 Java 虚拟机,其依靠转换工具 dx 将 Java 码转换为 dex 格式。与传统的 Java 不同的是,每个 Android 应用程序都有一个自有的进程,每个 Android 应用程序都用一卡独立的 Dalvik 虚拟机来执行。Dalvik 虚拟机依赖于 Linux 内核的一些功能,如线程机制和底层内存管理机制。

4. Linux 内核

Android 的核心系统服务依赖于 Linux2.6 内核,例如安全性、内存管理、进程管理、网络协议栈和驱动模型等。Linux 内核是软件和硬件之间的抽象层,Linux 内核层作为系统的最底层,为系统运行库层提供服务。

Android SDK 在 IDE 环境中的组织结构如图 7-16 所示。

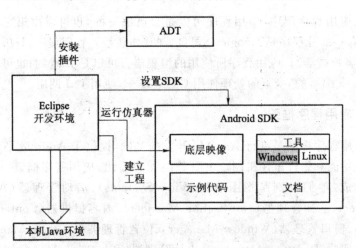

图 7-16　Android SDK 在 IDE 环境中的组织结构

7.3.2　Android 生命周期

Android 生命周期是指 Android 进程从启动到终止的所有阶段,也就是 Android 程序启动到停止的全过程。Android 应用程序的生命周期由系统根据用户需求、可用资源等进行严格管理。例如,用户可能希望启动 Web 浏览器,但是否启动该程序最终由系统决定。尽管系统是最终的决定者,但它会遵从一些既定和逻辑上的原则来确定是否可以加载、暂停或停止应用程序。如果用户正在操作一个 Activity 时,系统将为该应用程序提供较高的优先级。有时系统决定关闭一个应用程序来释放资源,它会关闭优先级较低的应用程序。

由于 Android 资源受限,因此 Android 必须能够更多和更强有力地控制应用程序。Android 在独立的进程里运行每个应用程序,每个进程都有自己的虚拟机。

应用程序生命周期的概念是逻辑上的,但 Android 应用程序在某些方面可能会使事情变得复杂。具体来讲,Android 应用程序层次结构是面向组件和集成的,这支持实现富有用户体验、流畅、重用和轻松的应用程序集成,但却为应用程序生命周期管理器带来了不便。

7.3.3 Android 的重要组件

Android 应用程序由组件组成,组件是可以被调用的基本功能模块。Android 系统中利用组件实现程序内部或程序间的模块调用,以解决代码复用的问题,这是 Android 系统非常重要的特性。Android 系统通过组件机制,有效地降低了应用程序的耦合性,使向其他应用程序实现共享私有数据和调用其他程序的私有模块成为可能。

Android 系统有四种重要的组件,分别是活动(Activity)、服务(Service)、广播接收器(Broadcast Receiver)、内容提供商(Content Provider)。Intent 组件实现了这四种组件之间的相互调用。这些组件可能需在 Manifest. xml 文件中声明,如图 7-17 所示。

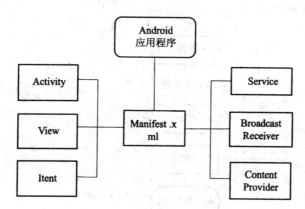

图 7-17 Android 应用程序组件

1. 活动

由于活动是作为 Android 中所有程序运行的基础,因此所有程序的流程均是在活动内运行,基于此活动被认为是开发者所碰见的最频繁,亦被认为是 Android 里最基本的模块之一。通常情况时当处于 Android 的程序里,活动多数情况下表示为手机屏幕的一幕。当假设将手机看成为一个浏览器,此时可以把活动看作为一个网页。在活动之中可以允许增加一些 Button、CheckBox 等控件。

通常,多个活动可以用来组成一个 Android 程序,多个活动彼此能够实现互相的跳转。在当一个新的屏幕被打开后,那么此前的一个屏幕将被设置成暂停状态,并且还将被压入历史堆栈中。用户能够使用回退操作功能返回至以前曾打开的屏幕。用户能够根据需要有选择性地删除一些不需要保留的屏幕,这是因为 Android 能够将每个应用的开始到当前的每个屏幕保存在堆栈中。图 7-18 所示为活动的生命周期。

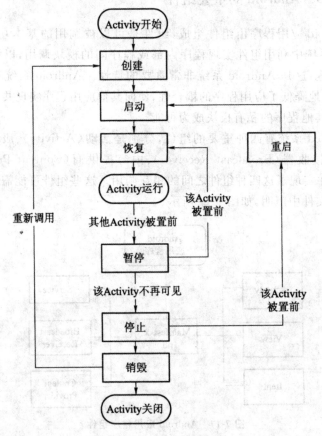

图 7-18　活动生命周期

一个活动主要有三个状态。

在处于屏幕的前台情况下(即处于当前任务堆栈的顶部),此时为活跃或运行的状态,即为相应用户操作的活动。

在处于失去焦点却依然能够被用户可见情况下,即为暂停状态。此时在其之上存在另外一个活动。而这活动可能为透明的,又可能没有完全遮蔽全屏,因此用户依然能够看见这个被暂停的活动。而这个暂停的活动依旧为存活状态(其仍然保存所有的状态与成员信息并连接到窗口管理器),而当系统工作在内存极低的环境时,依旧能够将这个活动杀死。

当其已经完全被另一个活动所覆盖时,那么其将工作于停止状态。此时其依旧保留所有的状态与成员信息。却不会被其他用户看见,因此此时其窗口会被隐藏,当发生其他地方需要内存的情况时,此系统通常情况会将这个活动杀死。

当某一活动工作为暂停或者为停止状态时,系统能够通过要求其结束(调用其 finish()方法)或直接将其自身的进程杀死的方法来实现将其驱出内存的结果。如果其发生再次被用户可见的情况,其只能依靠完全重新启动才能恢复至以前的状态。

2. 服务

通常将运行在后台的一段代码被称为服务。服务不仅能够在自身的进程里运行,还能够满足在其他应用程序的上下文(Context)里运行,运行环境根据其自身的情况和需要选择。其他的组件能够均绑定到一个服务(Service)内,通过远程过程调用(RPC)来调用。比如,QQ 聊天软件的服务,当用户退出 QQ 聊天用户界面,仍然希望 QQ 可以继续运行时,就由服务(Service)来保证当用户界面关闭时 QQ 继续在后台运行。

3. 广播接收器

在 Android 中,广播是一种广泛运用的在应用程序之间传输信息的机制。而广播接收器是对发送来的广播进行过滤接受并响应的一类组件。能够基于在广播接收器基础上让应用对某一外部的事件作出响应。广播接收器并不可以生成 UI,换而言之相对于用户而言并不透明,用户是不能看到的。广播接收器不仅能够在 AndroidMainfest.xml 中注册,也能够在运行过程中的代码内注册。当完成注册后,有事件来临的情况下,纵使程序没有启动,系统也能够在需要的情况下启动程序。

4. 内容提供商

内容提供商提供了一种多应用间数据共享的方式,例如,联系人信息可以被多个应用程序访问。内容提供商是个实现了一组用于提供其他应用程序存取数据的标准方法的类。Android 提供了一些已经在系统中实现的标准内容提供商，如联系人信息、图片库等，可以使用内容提供商来访问设备上存储的联系人信息、图片。

5. Intent

Android 中提供了 Intent 机制来协助应用间的交互与通信，应用中一次操作的动作、动作涉及数据、附加数据通过 Intent 进行描述实现，Android 则基于此 Intern 的描述情况，负责找到相应的组件，将 Intent 传递至调用的组件，由此实现组件的调用过程。Intent 不仅可用于应用程序之间，也可用于应用程序内部的活动/服务之间的交互。因此，Intent 充当于媒体中介的作用，能够专门提供组件相互调用的相关信息，完成调用者与被调用者彼此的解耦关系。

7.3.4　Android 特点

Android 基于 Linux 系统，由操作系统、用户界面和应用程序组成，允许开发人员自由获取、修改源代码，也就是说是一套具有开源性质的手机终端解决方案。其特点如下。

1. 开放性

Android 是一个真正意义上的开放性移动开发平台，其同时包括底层操作系统，及上层的用户界面和应用程序（移动电话所需要的全部软件都囊括在内），而且不存在任何以往阻碍移动产业创新的专有权障碍。

2. 应用程序平等

所有的 Android 应用程序之间是完全平等的，Android 平台被设计成由一系列应用程序所组成的平台。所有的应用程序都运行在虚拟机上面，虚拟机提供了一系列用于应用程序和硬件资源间通信的 API。

3. 应用程序间无界限

Android 打破了应用程序间的界限，开发人员可以把 Internet 上的数据与本地的联系人、日历、位置信息结合起来，创造全新的用户体验。

4. 快速方便的应用程序开发

Android 为开发人员提供了大量的使用库和工具，使得开发人员可以快速创建自己的应用程序。例如，要开发基于地图的应用只需将著名的

Google Map 集成进来,开发人员可通过简单几行代码就可以快速开发出基于地图的应用。

7.4　云计算体系结构

7.4.1　概述

云计算(cloud Computing)是一种新型的计算范型(Computing Para-digm)。其核心思想是将大量用网络连接的计算资源进行统一管理和调度,构成一个计算资源池。并且它将计算任务分布在由大量计算机构成的资源池上,使用户和各种应用系统能够根据需要获取计算能力、存储空间和各种软件服务。因此,如果将计算能力和存储空间的提供也通过服务概念抽象,则云计算是指基于 Internet 的一种信息技术的服务提供模式。其中,资源池(包括硬件资源和软件资源)称为"云"(之所以称为"云",是因为资源池在某些方面具有现实生活中云的特征:云一般都较大;云的规模可以动态伸缩,它的边界是模糊的;云在空中飘忽不定,你无法也无需确定它的具体位置,但它确实存在于某处)。一般而言,狭义云计算主要指 IT 基础设施服务的交付和使用模式,该模式可以使用户通过网络以按需、易扩展的方式获得所需资源,包括硬件资源、平台资源和

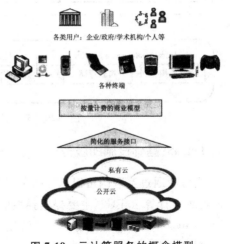

图 7-19　云计算服务的概念模型

软件资源;广义云计算主要指信息服务的交付和使用模式,该模式可以使用户通过网络以按需、易扩展的方式获得所需服务,包括 IT 和软件及互联网相关的服务,也可以是任意其他的服务。也就是说,一方面,对服务消费者(包括用户或应用系统)而言,云计算屏蔽了底层硬件及其管理的所有细节,包括容错、负载平衡、并行计算等等,以及服务调度和使用的细节;另一方面,对服务部署者而言,云计算建立了一种体系结构,便于随时扩展其各种软硬件信息服务资源。因此,云计算是一种方便、低成本的 IT 服务能力的实现方法。云计算服务的概念模型如图 7-19 所示。

7.4.2 云体系结构

云计算可以认为包括以下几个层次的服务:基础设施即服务(IaaS),平台即服务(PaaS)和软件即服务(SaaS),如图 7-20 所示。在管理方面,主要以云管理层为主,它的功能是确保整个云计算中心能够安全、稳定地运行,并且能够被有效管理。

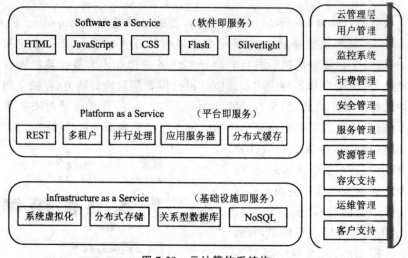

图 7-20　云计算体系结构

1. IaaS:基础设施即服务

消费者通过互联网可以从完善的计算机基础设施获得服务。如 Amazon 的弹性计算云 EC2,主要提供弹性的计算服务,通俗地讲,就是虚拟机。还有 Amazon 简单存储服务 S3,提供强大的云存储服务,通过这个服务,用户可利用多种工具和接口能够轻松地将大量数据持久存储在云端,方便用户读取和管理,S3 是可伸缩的,可靠的,按需使用的。国内如阿里云的云服务器(Elastic Compute Service,ECS)提供了是一种处理能力可弹性伸缩的计算服务,对使用者而言,其管理方式比物理服务器更简单高效。

IaaS 所采用的技术都是一些比较底层的,最常用的四种技术就是虚拟化、分布式存储、关系型数据库、NoSQL。

2. PaaS:平台即服务

PaaS 提供开发环境、服务器平台、硬件资源等服务给用户,用户可以在服务供应商的基础架构上开发程序并通过互联网发送给其他用户。PaaS

能够提供企业或个人定制研发的中间件平台,提供应用软件开发、数据库、应用服务器、试验、托管及应用服务,为个人用户或企业的团队提供协作。PaaS 对资源的抽象层次更进一步,常见的应用有 Google App Engine,微软的云计算操作系统 Azure 也可大致归入这一类。PaaS 自身负责资源的动态扩展和容错管理,用户应用程序不必过多考虑节点间的配合问题。但与此同时,用户的自主权降低,必须使用特定的编程环境并遵照特定的编程模型,类似于在高性能集群计算机里进行 MPI 编程,只适用于解决某些特定的计算问题。PaaS 能给客户带来更高性能、更个性化的服务,当一个 SaaS 软件能为客户提供在线开发、测试以及在线应用程序部署等功能的时候,可以被称为具备 PaaS 能力。

PaaS 的技术有很多种,最常见的有表述性状态转移(REST)技术、多租户、并行处理、应用服务器、分布式缓存几种。

3. 软件即服务

SaaS 既不像 PaaS 那样提供计算或存储资源类型的服务,也不像 IaaS 那样提供运行用户自定义应用程序的环境,它只提供某些专门用途的服务供应用调用。SaaS 的针对性很强,它将某些特定应用软件功能封装成服务。如 Google 的搜索服务、地图服务,阿里云的邮箱服务等。

SaaS 层离普通用户非常近,所以该层用到的技术大多是耳熟能详的,如 HTML、JavaScript、CSS、Flash 等,还有微软的 Silverlight 等。

可以通过 SaaS 发布很多实用服务。例如,为便于开发团队对需求文档进行质量和语义分析,提出一种面向 SaaS 模式的需求文档分析服务,给开发团队提供应用级软件服务。

云计算的服务管理中间件层负责资源管理、任务管理、用户管理和安全管理等工作。资源管理负责均衡地使用云资源节点,进行故障节点的检测,并对资源的使用情况进行监视统计;任务管理负责执行用户或应用任务的提交,包括完成用户任务映像的部署和管理、任务调度、任务执行、生命周期管理等;用户管理是云计算商业模式得以实施的重要部分,包括提供用户交互管理接口、用户身份识别、用户程序执行环境的配置、计费管理等;安全管理保障云计算设施的整体安全,包括身份认证、访问授权、综合防护和审计评估等。

7.4.3 Google 云计算核心技术

在云计算模型中,用户不需要了解服务器在哪里,不用关心其内部如何运作,通过高速互联网就可以透明地使用各种资源。云计算系统运用了许多技术,其中以数据存储技术、编程模型、数据管理技术、虚拟化技术、云计算化平台管理技术为关键,最典型的就是 Google 云计算。Google 云计算核心技术组成如图 7-21 所示。

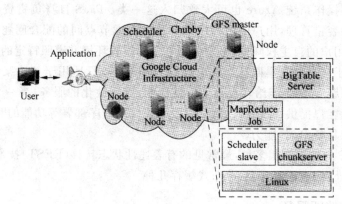

图 7-21 Google 云计算核心技术组成结构

　　Google 使用的云计算基础架构模式包括四个相互独立又紧密结合在一起的系统。包括 Google 建立在集群之上的文件系统 Google File System (GFS),针对 Google 应用程序的特点提出的 Map/Reduce 编程模式,Google 开发的模型简化的大规模分布式数据库 BigTable,以及分布式的锁机制 Chubby。

1. GFS 分布式文件系统

　　Google 文件系统(Google File System,GFS)是一个大型的分布式文件系统,它为云计算提供海量存储,处于所有核心技术的底层。与 Chubby、Map/Reduce 以及 BigTable,十分紧密。用户可以把文件系统简单地理解为存在于物理介质之上,以文件为基本单位的,用于对信息进行持久化存储的数据组织和管理形式。

　　一个分布式文件系统,隐藏下层负载均衡、冗余复制等细节,对上层程序提供一个统一的文件系统 API 接口。Google 根据自己的需求对它进行了特别优化,包括超大文件的访问、读操作比例远超过写操作、解决 PC 机极易发生故障造成节点失效等。GFS 把文件分成 64MB 的块,分布在集群的机器上,使用 Linux 的文件系统存放。同时每块文件至少有 3 份以上的冗余。中心是一个 Master 节点,根据文件索引,找寻文件块。

　　在架构上,GFS 主要分为两类节点,如图 7-22 所示。

　　①Master 节点。它是 GFS 文件系统的"神经中枢",每个 GFS 文件中只有一个 Master 节点,主要用来保存系统的元数据。元数据包括一个能将

64 位标签映射到数据块的位置及其组成文件的表格、数据块副本位置和哪个进程正在读写特定的数据块等。Master 节点会周期性地接收从每个 Chunk 节点来的更新（Heart－beat）来让元数据保持最新状态。

②Chunk 节点。Chunk 节点负责具体的存储工作，每个 Chunk 数据块默认为 64MB，Chunk 节点的数目决定了 GFS 的大小。Client 在访问 GFS 时，首先访问 Master 节点，获取将要与之进行交互的 Chunk Server 信息，然后直接访问这些 Chunk Server 完成数据存储。

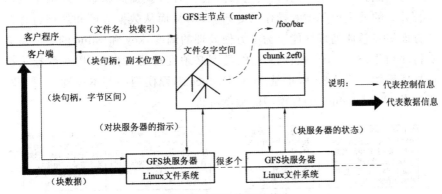

图 7-22　GFS 体系结构

GFS 适用于 TB 级以上超大文件存储。Master 节点是文件管理的大脑，负责存储和管理文件与物理块的映射，维护元数据（metadata），处理临时文件，调度 Chunk server 等。Chunk server 真正存储物理文件块。GFS 定位于由廉价服务器构成的超大集群，假定单个服务器存储是不可靠的、易失的，因此 GFS 强调冗余和备份。每份文件块会同时存储于多个不同的 Chunk server。上层客户请求文件时，首先与 Master 节点交互，获取相关信息，随后 client 将直接与相应的某个 Chunk server 通信并获取文件。GFS 在开源产品中的类似实现有 HDFS。

GFS 的特点可以概括为以下几个方面。

①可靠性强，每个数据块都默认保存 3 个备份。

②高性能与高吞吐量运算。

③支持容错。

④支持压缩、扩展能力强。

2. Map/Reduce：海量数据编程模型

为了使用户能更轻松地享受云计算带来的服务，云计算必须保证后台复杂的并行执行和任务调度向用户和编程人员透明，向用户及编程人员提供间接明了的编程模型。Map/Reduce 编程模型是一种面向大规模数据处理的分布式编程模型，用于处理和生成大规模数据集（Processing and Generating Large Data Sets）。Map/Reduce 的基本思想是通过合并公共的子问题并实现并行处理以高处理性能。

Map/Reduce 的基本原理是基于键—值对（＜key，value＞）的映射（Map）及归纳（Reduce）。也就是说，数据的输入是一批＜key，value＞对，生成的结果也是一批＜key，value＞对，并且依据它们的键值类型进行同类合并以减少处理项。同时，再通过并行处理方式提高原始处理项生成以及合并后的处理项归纳等操作的处理效率，从而从数据规模和处理过程两个方面提高整体处理性能。为了方便处理的调度，key 和 value 的类型需要支持序列化（Serialize）操作，key 的类型必须支持可写操作，以对数据集执行排序操作。图 7-23 所示是 Map/Reduce 编程模型的基本原理。图 7-24 所示是 Map/Reduce 编程模型的案例解析。

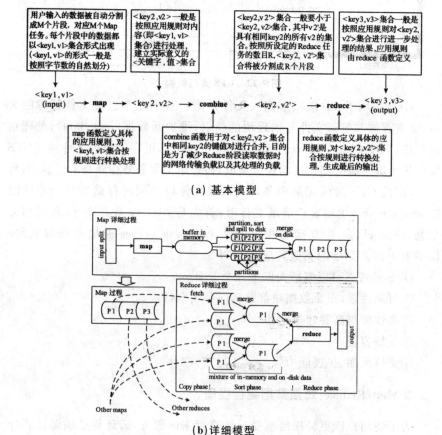

(a) 基本模型

(b) 详细模型

图 7-23 Map/Reduce 编程模型的基本原理

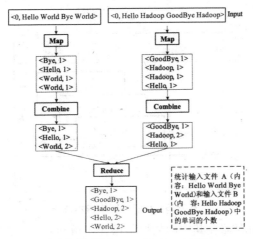

(a)案例：基本 Map/Reduce 过程

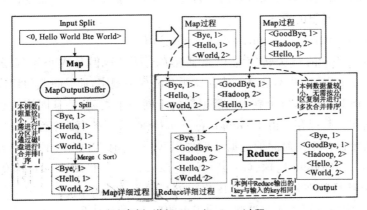

(b)案例：详细 Map/Reduce 过程

图 7-24　Map/Reduce 编程模型的案例解析

3. BigTable

由于需要存储种类繁多的数据以及服务请求数量庞大，一些 Google 应用程序需要处理大量的格式化以及半格式化数据，并且通常的商用数据库根本无法满足 Google 海量数据的存储需求，Google 自行设计了 BigTable。BigTable 是 Google 开发的基于 GFS 和 Chubby 的分布式存储系统，Google 的很多数据，包括 Web 索引、卫星图像数据等在内的海量结构譬和半结构化数据都存储在其中。

BigTable 是一个分布式多维映射表，表中的数据是通过一个行关键字（Row Key）、一个列关键字（Column Key）以及一个时间戳（Time Stamp）进行索引的。图 7-25 所示为 BigTable 结构的示意图。

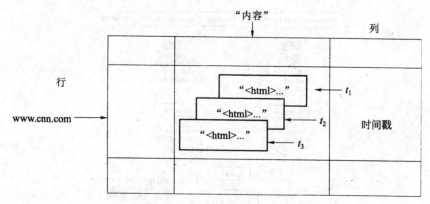

图 7-25　BigTable 结构示意图

BigTable 对存储在其中的数据不做任何解析,全部作为字符串进行操作,具体数据结构的实现需要用户自行处理。BigTable 的存储逻辑可以表示为一个三元组的形式:

(Row:string,Column:string,Time:int64)

BigTable 的行关键字可以是任意的字符串,但是大小不能够超过 64KB。BigTable 并不是简单地存储所有的列关键字,而是将其组织成列族(Column Family),每个族中的数据都属于同一个类型,并且同族的数据会被压缩在一起保存。由于 Google 的网页检索、云服务中的个性化设置等应用都需要保存不同时间的数据进而加以区分,此时,需要 64 位整型数的时间戳参与。Google 地球、Google Analytics、Orkut 和 RRS 阅读器等很多 Google 项目都在使用 BigTable 作为海量数据管理技术:从日常实际运行效果看,它完全可以满足这些不同需求的应用,并且体现出很高的系统运行效率及可靠性。

以 BigTable 为基础,Google 设计和构建了用于互联网中交互服务的分布式存储系统 Megastore,该系统有效地将通用的关系型数据库与 No-SQL 的特点和优势进行了融合,提出了实体组集、实体组等新的概念,提供了对数据存储的高可用性、高扩展性和统一性,实现了一个可同步、容错、可远距离传输的复制机制。

4. Chubby

Chubby 实质上是一个分布式的、存储大量小文件的文件系统,为 GFS 提供粗粒度锁服务,使用 Chubby,数据的一致性可以得到有效的保证。这种锁灵活性强,它只是一种建议性锁而并非是强制性锁。GFS 通过 Chubby 来选取一个 GFS 主服务器,首先访问 Master 节点,获取将要与之进行交互的 Chunk Server 信息,为 BigTable 提供锁服务,BigTable 使用 Chubby 指定一个主服务器并发现、控制与其相关的子表服务器。

参考文献

[1]孙晓宇.Android 手机界面管理系统的设计与实现[J].北京邮电大学硕士论文,2009.

[2]包依琴.基于智能终端应用的计算机专业课程建设探讨[J].物联网技术,2012.

[3]沈军.软件体系结构[M].南京:东南大学出版社,2012.

[4]张友生.软件体系结构[M].北京:清华大学出版社,2006.

[5]孙玉山.软件设计模式与体系结构[M].北京:高等教育出版社,2013.

[6]王小刚,黎扬.软件体系结构[M].北京:北京交通大学出版社,2014.

[7]吴锋.基于 SSI 框架 JavaEE 技术研究[D].合肥工业大学硕士,2009.

[8]吴丹.基于 SOA 的工作管理系统研究与应用[D].广东工业大学,2008.

第8章 软件体系结构评估方法

软件体系结构评估是指对系统的某些值得关心的属性进行评价和判断。评估的结果可用于确认潜在风险,并检查设计阶段所得到的系统的质量需求。通过对软件体系结构的质量属性的评估,在系统没有实际开发出来之前,可以预测其系统的质量属性和开发属性,及时校正、修改所设计软件体系结构,选择合适的体系结构方案。正确评估对软件产品的质量和开发过程具有重要影响。

8.1 软件体系结构评估方法概述

评估主要是为了识别体系结构设计中潜在的风险,在系统被构建之前预测其质量,无需精确评估结果,通过分析体系结构对系统质量的主要影响,从而提出改进。同时验证系统的质量需求在设计中是否得到了体现,预测系统的质量并帮助开发人员进行设计决策,具体关系如图 8-1 所示。

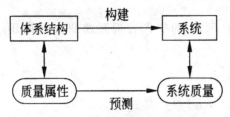

图 8-1 软件体系结构评估

体系结构评估可只针对一个体系结构,也可针对一组体系结构。体系结构评估与体系结构分析不同,前者侧重于对系统整体进行测评,后者则更侧重于分解系统,并分析其组成要素、要素之间的联系及其复杂性。

8.1.1 软件体系结构评估基本概念

1. 质量属性

所谓质量属性指是一个组件或一个系统的非功能性特征,刻画特定上下文质量的元素,例如性能、安全性、可移植性、功能等。其中每个属性都不是绝对量,它们的相关性直接与给定的情形相关联。软件质量在 IEEE

1061 中被定义为"它体现了软件拥有所期望的属性组合的程度"。在 ISO 中被定义为"一组固有特性满足要求的程度"。深入详情可见第 5 章内容。

2. 场景

场景是对风险承担者与系统进行交互的简短描述，R. Kazmam 对场景注解为："用户、开发者和其他相关方对系统应用的期望和不期望的简明描述"，这些期望和不期望的反映观点，代表了有关各方对系统质量属性的要求。场景分为直接场景和间接场景两种，其中，直接场景在设计体系结构到系统构造的过程中使用，它代表系统的外部视角和观点，而间接场景主要应用于改变和演化现有体系结构。

在体系结构评估中，一般采用激励（Stimulus）、环境（Environment）和响应（Response）3 个方面对场景进行描述。激励是场景中解释或者描述风险承担者怎样引发和系统交互的部分；环境描述的是激励发生时的情况。响应是指系统如何通过体系结构对激励做出反应。[①]

3. 评估原因

①质量问题是当今软件系统开发的一个主要问题，人们越来越关注。

②通过评估尽可能早地发现问题，解决问题，可大大减低代价。

③软件开发人员对软件体系结构实际上无法测试，而场景可以表达软件的功能和质量属性，不同涉众关心的体系结构质量可以通过各个场景进行表达，为软件体系结构"测试"带来可能性。

4. 评估人员

对于高质量的评估，体系结构相关人员的参与至关重要。软件体系结构评估的质量在相当程度上依赖于相关人员的能力水平，设计师或设计团队必须在评估现场。

①风险承担者（Stakeholders）：在该体系结构及根据该体系结构开发的系统中有些是既得利益的人，有些是开发小组成员，比较特殊的是项目决策者，包括体系结构设计师、组件设计人员和项目管理人员，如表 8-1 所示。

②评估小组：负责组织评估并对评估结果进行分析。组成人员通常为评估小组负责人、评估负责人、场景书记员、进展书记员、计时员、过程观察员、过程监督者和提问者。

---

① 张友生. 软件体系结构原理［M］. 第 2 版. 北京：清华大学出版社，2014

表 8-1　风险承担者

生产者（Producers）	软件体系结构设计师、开发者、维护者、集成者、测试者、标准专家、效率工程师、安全专家、项目经理、产品线经理
客户（Consumers）	客户、终端用户、应用系统构造者（基于产品线体系结构）、任务专家/计划者（mission specialist/planner）
服务者（Servicers）	系统管理员、网络管理员、服务代理
和系统有接口的其他人员	领域（或团体）代表、系统设计师、设备专家

5. 评估的好处

最主要的好处是及时发现问题加以改正从而降低代价成本。并且评估可能会进一步发现有价值问题，其他好处如：

①各体系结构评估参与者可以在评估时加深了解。

②体系结构评估各个涉众的明确说明，能更好保证软件质量。

③体系结构评估督促软件体系结构设计师更详细地编写软件体系结构文档。

④体系结构评估可以为相互冲突的目标划分优先级。

⑤体系结构评估活动有利于发现项目之间交叉复用的可能性。

⑥体系结构评估有利于提高软件体系结构实践的水平。

⑦体系结构评估活动有益于该组织未来所从事的项目开发。

6. 评估的时机

软件体系结构评估可在软件体系结构生命周期的任何阶段进行，且一般的时机可分为早期和后期。

①早期。在整个软件体系结构的内容未完全确定时，在软件体系结构创建的任何阶段都可以对已经完成的软件体系结构决策进行评估，或从待选的若干项中作出选择。

②后期。软件体系结构评估的第二种变体则是在软件体系结构已经完全确定而且其实现也已经完成的情况下实施的。这种评估适用于开发组织有旧系统的情况。通过评估，可帮助新用户理解旧系统。

一般而言，只要有了足够多的可评判的软件体系结构信息便可评估软件体系结构了。

8.1.2　软件体系结构评估方法

1. 软件体系结构评估技术

在体系结构层次中,主要有两类基本的评估技术:质询(定性)和度量(定量)。

(1)质询技术

质询技术生成一个体系结构将要问到的质量问题,可适用于任何质量属性,并可用于对开发中任何状态的任何部分进行调查。质询技术包括基于场景的、基于调查表的和基于检查列表的。调查表是通用的,可运用于所有软件体系结构的一组问题;而检查列表则是对同属一个领域的多个系统进行评估,积累了大量经验后所得出的一组详细的问题。两种技术都是预先准备好,由评估人员对照评估清楚。相对这两种技术,场景则能更具体地描述问题

(2)度量技术

度量技术采用某种工具度量体系结构。主要用于解答具体质量属性的具体问题,并限于特定的软件体系结构,因此与质询技术的广泛使用有差异。并且度量技术还要求所评估软件体系结构已有了设计或实现的产品。度量技术通常包括指标、模拟、原型和经验。

常见的评估方法可分为以下 4 类。

①基于内聚和耦合的概念的方法,来对软件质量属性的预测度量。

②使用更为抽象的评估方法,来研究体系结构如何满足领域功能属性和非功能属性。

③基于属性模型的方法。

④基于场景的方法(SAAM,ATAM 等)。

由于这些抽象的质量属性太过模糊,缺少评估体系结构的支持,因此分析起来很麻烦,也就是说软件体系结构的质量度量必须在具体的执行或开发环境下进行才有意义。场景从涉众的角度简短叙述了其与系统的交互过程,采用场景能有效表达体系结构的上下文相关性。因此,基于场景的体系结构评估方法得到了广泛应用。

2. 软件体系结构评估总体框架

评估是建立在完整的或尚在完善过程的体系结构描述基础上的。对于体系结构的描述,人们习惯用各种视图来描述他们对体系结构的设计,如功能视图、并发视图、代码视图、开发视图、物理视图等,这些视图都是软件

体系结构设计师设计思路的抽象,包含着设计师对视图中的组成成分及其关系、其使用者、适用的场合等方面的理解,对整个系统开发起着整体指导作用。

体系结构评估是为了判断该体系结构是否实现了涉众的质量需求,因此,通常整体思路是将视图细化,从而建立这些细节与特定考虑的质量目标之间的关系,具体可见图 8-2 所示。

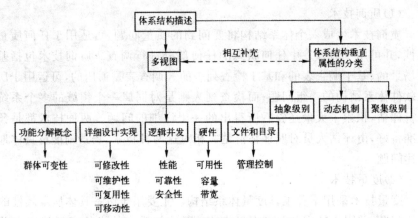

图 8-2 体系结构的总体框架图

图 8-2 的右侧显示了体系结构属性分类与多视图是相互补充的关系。属性分类中,抽象级别体现了概念和实现;动态机制和聚集级别分别又分为静态和动态,是与软件体系结构发展和演化相关的内容。

3. 软件体系结构评估描述模板

体系结构评估作为软件开发过程的一个重要步骤,应为其建立相应文档,这样的文档也有规范的描述模板,供评估编档人员参考。文档主要针对7 部分内容进行描述,具体可见表 8-2 所示。

表 8-2 体系评估的描述模板

主 题	描 述
方法目标	该方法的特定目标是什么
质量属性	对哪些质量属性进行评估
软件体系结构描述	评估关系到哪些软件体系结构视图
评估技术	评估方法中包含哪些技术
参与者	评估过程涉及系统的哪些参与者

主　题	描　述
评估中的活动	以何种顺序、何种方式、何种评估技术完成了该方法的特定目标,该方法描述了什么结果
方法验证	是否在实际中得到了验证

4. 软件体系结构评估方式[①]

从精度出发,体系结构评估方法可分为两大类:一类是基于形式化方法。数学模型和模拟技术,得出量化的分析结果;另一类是基于调查问卷、场景分析、检查表等手段,侧重得出关于软件体系结构可维护性、可演化性、可复用性等难以量化的质量属性。对应的可将软件体系结构的分析与评估方式归纳为三大类,包括基于问卷调查或检查表的软件体系结构评估方式、基于场景的软件体系结构评估方式以及基于度量和预测的软件体系结构评估方式。

(1)问卷调查或检查表的软件体系结构评估方式

问卷调查是一系列可以应用到各种体系结构评估的相关问题,其中,有些问题可能涉及体系结构的设计决策;有些问题涉及体系结构的文档;有的问题针对体系结构描述本身的一些细节问题。检验表相对于调查问卷更加注重细节和具体化,侧重于检验某些特定的质量属性。这一类评估方式较为自由灵活,可评估多种质量属性,也可于软件体系结构设计的多个阶段进行。但由于评估者的主观判断对评估结果影响很大,故,不同的评估者可能会有不同甚至相反的结果,虽然基于问卷调查与检查表的评估方式相对比较主观,但由于系统相关人员的经验和知识是评估软件体系结构的重要信息来源,因此,目前仍是完成软件体系结构分析与质量评估的重要途径之一。

(2)场景软件体系结构评估方式

目前很多体系结构评估方法都采用场景作为基本技术。这些体系结构评估方法分析软件体系结构对场景,即对系统的使用或修改活动的支持程度,来判断该体系结构对这一场景所代表的质量需求的满足程度。该评估方式考虑包括系统的开发人员、维护人员、最终用户、管理人员、测试人员等在内的所有和系统相关的人员对质量的要求。基于场景的评估方式涉及的

---

① 李金刚,赵石磊,杜宁.软件体系结构理论及应用[M].北京:清华大学出版社,2013

基本活动包括确定应用领域的功能以及建立各结构之间的映射关系,设计用于体现待评估质量属性的场景以及分析软件体系结构对场景的支持程度。

基于场景的软件体系结构评估方式具有以下重要的特征:场景是这类评估方法中不可缺少的输入信息,场景的设计和选择是评估成功与否的关键因素;这类评估是人工智力密集型劳动,评估质量在很大程度上取决于人的经验和技术。

(3)度量和预测的软件体系结构评估方式

基于度量的评估技术一般会涉及 3 个基本活动:首先需要建立质量属性和度量之间的映射原则,即确定如何从度量结果推出系统具有何种质量属性,然后从软件体系结构文档中获取度量信息,最后根据映射原则分析推导出系统的某些质量属性。

因此,基于度量的评估方式提供更为客观和量化的质量评估。该评估方式要在软件体系结构设计基本完成后才能开始,且需要评估者十分了解待评估的体系结构,否则不能获取准确的度量。自动软件体系结构度量获取工具能在一定程度上简化评估的难度。

在 3 种评估方式中,基于问卷调查和检查表的评估方式以及基于度量的评估方式适合通用或者特定领域系统使用,而基于场景的评估方式只适用于特定领域系统使用。除基于度量的评估方式较为客观以外,其他两种方式都比较主观,且基于度量的评估方式要求评估者对待评估的体系结构以及将使用的领域非常熟悉。表 8-3 所示为 3 种评估方式的对比。

表 8-3　软件体系结构评估方式对比

比较项 方式	问卷调查或检查表		基于场景	基于度量
	问卷调查	检查表		
通用性	通用	检查表	特定系统	通用或特定领域
对评估者的要求程度	对被评估体系结构简单了解	无要求	要求评估者对被评估体系结构比较熟悉	要求评估者对被评估体系结构精确掌握
实施阶段	早	中	中	中
客观性	主观		比较主观	比较客观
评估内容	架构特性、过程		架构特性	架构特性

8.2　ATAM 评估方法

8.2.1　ATAM 概述

ATAM(Architecture Tradeoff Analysis Method)，体系结构权衡分析方法。这种方法不仅揭示出体系结构对特定质量目标的满足情况，而且能够明晰质量目标之间的联系——即如何权衡诸多质量目标。

ATAM 方法不仅可用于对新系统的质量评估，能帮助涉众确保系统需求和设计阶段所询问的问题是恰当的，能用相对较低的代价解决问题，还可用于对旧系统进行分析。当需要对这样的旧系统进行较大修改、进行重大升级、与其他系统集成或移植该系统时，运用 ATAM 方法可以使人们深刻地认识系统的质量属性。

ATAM 提供从多个竞争的质量属性方面来理解软件体系结构的方法。ATAM 用户不仅可以看到体系结构对于特定质量目标的满足情况，还能认识到在多个质量目标间权衡的必要性。ATAM 关注如何从商业目标获取体系结构的质量属性目标。

①特定目标：ATAM 的目标是在考虑多个相互影响的质量属性的情况下，从原则上提供一种理解软件体系结构的能力的方法。对于特定的软件体系结构，在开发系统之前，通过 ATAM 方法确定多个质量属性之间的折中的必要性。

②质量属性：ATAM 方法分析多个相互竞争的质量属性。

③风险承担者：在与场景、需求收集有关的活动中，ATAM 方法需要所有系统相关人员参与。当然，这也包括软件体系结构设计者。

④体系结构描述：体系结构空间受到历史遗留系统、互操作性和以前失败的项目约束，在 5 个基本结构的基础上进行体系结构描述，ATAM 方法被用于体系结构设计中，或被另一组分析人员用于检查最终版本的体系结构。

⑤评估技术：用户可以将 ATAM 方法视为一个框架，该框架依赖于质量属性，可使用不同分析技术。它集成了多个优秀的单一理论模型，其中，每一个理论模型都能够高效、实用地处理属性。

8.2.2 ATAM 评估过程[①]

ATAM 评估过程包括四大阶段九个步骤,具体可见表 8-4 所示。按其编号顺序分别是描述 ATAM 方法、描述商业动机、描述体系结构、确定体系结构方法、生成质量属性效用树、分析体系结构方法、集体讨论并确定场景优先级、分析体系结构方法(是第六步的重复)、描述评估结果。虽然对这些步骤进行了编号,似乎有某种顺序关系,但实际上顺序并不严格,可以根据实际需要,在评估过程中退回到之前的某一步,或者跳到之后的某一步,或者重复某些步骤。

表 8-4 ATAM 评估过程

阶段	步骤	所做工作
描述	1	描述 ATAM 方法
	2	描述商业动机
	3	描述体系结构
调查分析	4	确定体系结构方法
	5	生成质量属性效用树
	6	分析体系结构方法
测试	7	集体讨论并确定场景优先级
	8	分析体系结构方法
形成报告	9	描述评估结果

1. 表(描)述

表述部分包括 3 个步骤,分别为 ATAM 方法表述、商业动机表述、软件体系结构表述。

ATAM 方法表述的责任人为评估负责人,其活动为向评估参与者介绍 ATAM 方法并回答问题,具体活动内容如下:

①评估步骤介绍。

②用于获取信息或分析的技巧,例如效用树的生成、基于体系结构方法的获取和分析、对场景的集体讨论及优先级的划分。

③评估的结果,即所得出的场景及其优先级,用于评估体系结构的问

---

① 张友生.软件体系结构原理[M].第 2 版.北京:清华大学出版社,2014

题、描述体系结构的动机需求并给出带优先级的效用树、所确定的体系结构评估方法、所发现的有风险决策、无风险决策、敏感点和权衡点等。

ATAM 方法表述的目的是使参与者对该方法形成正确的预期。

商业动机表述的责任人为项目发言人(项目经理或系统客户),活动主要为阐述系统的商业目标,其活动内容如下:

①系统最重要的功能。

②技术、管理、政治、经济方面的任何相关限制。

③与项目相关的商业目标和上下文。

④主要的风险承担者。

⑤体系结构的驱动因素,即促使形成该体系结构的主要质量属性目标。

商业动机表述的目的是说明采用该架构的主要因素,例如高可用性、极高的安全性或推向市场的时机。

软件体系结构表述的责任人为体系结构设计师,活动主要对体系结构做出描述,其活动内容如下:

①技术约束条件,例如要使用的操作系统、硬件、中间件之类的约束。

②该系统必须要与之交互的其他系统。

③用于满足质量属性的体系结构方法。

④对最重要的用例场景及生长场景的介绍。

软件体系结构表述的目的是重点强调该架构是怎样适应商业动机的。

2. 调查分析

调查分析部分包括 3 个步骤,分别是确定软件架构的方法、生成质量属性效用树、分析软件架构方法,此部分的责任人为软件架构设计师。

其中,确定软件架构的方法的具体活动包括确定所用的体系结构方法,但不进行分析;生成质量属性效用树的具体活动包括生成质量属性效用树,以详细的根节点为效用,直细分到位于叶子节点的质量属性场景,质量属性场景的优先级用高、中、低描述,无需精确。

根据生成质量属性效用树得到的高优先级场景,能够得出应对这一场景的体系结构方法并对其进行分析,要得到的结果如下:

①与效用树中每个高优先级的场景相关的体系结构方法或决策。

②与每个体系结构方法相联系的待分析问题。

③体系结构设计师对问题的解答。

④有风险决策、无风险决策、敏感点和权衡点的确认。

调查分析主要是确定架构上有风险决策、无风险决策、敏感点、权衡点等。

3. 测试

测试部分包括集体讨论并确定场景的优先级和分析软件体系结构方法,两个步骤。其中,集体讨论并确定场景的优先级是根据所有风险承担者的意见形成更大的场景集合,具体活动包括以下方面。

①用例场景:描述风险承担者对系统使用情况的期望。

②生长场景:描述期望体系结构能在较短时间内允许的扩充与更改。

③探察场景:描述系统生长的极端情况,即体系结构在某些更改的重压的情况。

用户需要注意的是,最初的效用树是由体系结构设计师和关键开发人员创建的,之后在对场景进行集体讨论的过程和设置优先级的过程中,有很多风险承担者参与其中。与最初的效用树相比,在对比匹配后可能会发现体系结构设计师可能未注意的问题。

分析软件体系结构方法是对调查分析中相应步骤的重复,主要通过在集体讨论并确定场景的优先级这一步中得到的高优先级场景,这些场景被认为是目前为止所做分析的测试案例。

4. 形成报告

这里的形成报告是指对评估结果的表述。此部分的责任人为评估小组,其根据在 ATAM 评估期间得到的信息,向与会的风险承担者报告评估结果。其中,ATAM 评估结果中相对重要的部分如下:

①已编写了文档的架构方法。

②若干场景及其优先级。

③基于质量属性的若干问题。

④效用树。

⑤所发现的有风险决策。

⑥编写文档的无风险决策。

⑦所发现的敏感点和权衡点。

ATAM 的主要活动阶段包括场景和需求收集、体系结构视图和场景实现、属性模型构造和分析、折中处理。图 8-3 为 ATAM 分析评估过程,描述了上述 4 个部分及与每个部分相关的步骤,还描述了体系结构设计和分析改进中可能存在的迭代。

ATAM 通过用调查表来收集影响软件体系结构质量属性的要素,描述质量属性的特征,上述 9 个步骤无需严格根据编号排列,评估人员可这些步骤中跳转和迭代。

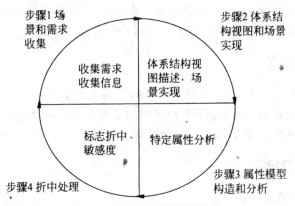

图 8-3　ATAM 分析评估过程

ATAM 评估步骤的调查分析部分中的分析体系结构方法,将确定的体系结构方法与生成效用树得到的质量属性需求联系分析,从而确认与效用树中最高优先级质量属性相联系的体系结构方法,生成针对特定质量属性的提问,并且确认有风险决策、无风险决策、敏感点和权衡点。图 8-4 所示为效用树示例,效用树的输出结果对质量属性需求的优先级加以确定,为 ATAM 后续评估内容提供指导意见。其中,效用树的根节点为"效用",代表了系统的整体质量,效用树的二级节点为各个质量属性,效用树的三级节点用文字说明,用字母 H(高)、M(中)、L(低)标识质量属性的优先级及其相应的实现难度。

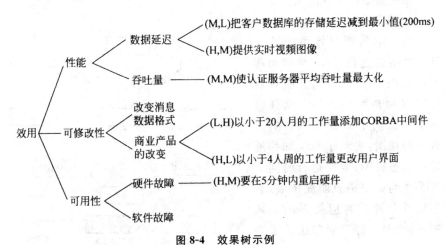

图 8-4　效果树示例

8.2.3　ATAM 评估实例分析

此节介绍一个运用 ATAM 方法的实例,该实例所评估的系统叫战场控制系统(Battlefield Control System,BCS)。该系统供部队的营级单位使用,用于在战场实时环境下控制军队的行军、战略和作战。

1. 准备工作

确定采用 ATAM 方法评估 BCS 系统后马上召集相关人员对该系统初始质量属性需求和初始场景集等加以了解做信息收集。通过会议得到完整、利于分析的软件体系结构文档,这些文档将为后面的评估工作奠定基础。

2. 第一阶段

(1)描述 ATAM 方法

在上面提到的会议中,向召集来的风险承担者介绍 ATAM 评估方法,并留出一些时间,供他们提出关于该方法及其结果与目标的问题。

(2)描述商业动机

评估客户对商业动机进行的说明。在这一阶段,客户主要对该系统所要辅助完成的在战场上执行的各种任务作介绍,并指出这些任务的具体需求。例如,该系统需要与许多能够为它提供指挥与情报的其他系统交互。这些其他系统也要定期收集 BCS 系统当前执行任务的状态信息。在这一阶段,对所要采用的标准软硬件集成也要做概要说明:该系统要求具有极高的物理强壮型、能够适应来自与之交互的其他系统的消息格式的频繁变更。另外还要满足许多性能指标。

(3)描述体系结构

接着承包商对该系统的软件体系结构进行介绍,承包商和客户共同介绍初始主要质量属性需求和初始场景集。软件体系结构文档中讲到该系统的几种不同视图:表示子系统如何通信的动态视图;表明运行时间交互关系的一组消息顺序图表;表明软件与硬件对应关系的系统视图;表明怎样以对象组成子系统的源视图等。图 8-5 所示为BCS 系统的硬件视图

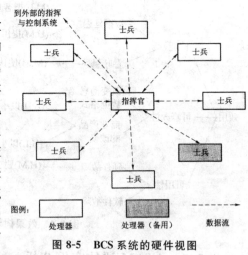

图 8-5　BCS 系统的硬件视图

3. 第二阶段

（4）确定体系结构方法

获取关于软件体系结构方法的信息。该系统是以比较松散的客户机/服务器的思想组织起来的，这样就限定了硬件和处理结构，并影响着系统的性能特征。除了采用这一方法外，该系统还：

①采用备用指挥官节点——可用性。

②采用一组针对领域的设计模式——可修改性。

③采用独立通信构件——性能。

对这样的软件体系结构方法，都使用针对质量属性的问题来探测决策风险，并确定出敏感点和权衡点。

（5）生成质量属性效用树

在获取关于效用树信息的过程中，要保证效用树中的每个场景都有与之相关的特定刺激与效应。图 8-6 所示为该系统一部分效用树。

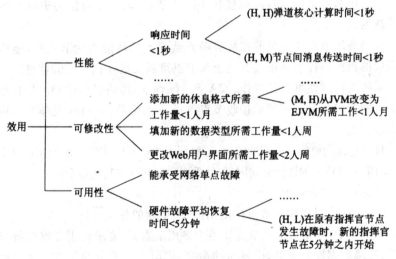

图 8-6　BCS 系统效用树的一部分

（6）分析体系结构方法

考察分析体系结构方法的意义：①是找到敏感点；②是在获取信息的过程中进一步认识体系结构。对 BCS 系统，通过构建效用树，认识到影响整个系统质量的主要是 3 个质量属性，即可用性、可修改性和性能。

BCS 系统的关键质量属性之一是要具备极高的可用性。系统采用 C/S 结构可能有潜在的单点故障。系统能够正常工作的一个前提条件是指挥官节点正常运行，若指挥官节点崩溃，系统就不能运行。但 BCS 系统的架构允许将某个士兵节点转换为指挥官节点,即把某个客户机转换为服务器。因为静态指定了一个士兵节点作为备用指挥官节点,且使其与当前指挥官节点保持状态一致,这便使得指挥官节点崩溃时,备用节点可立即切换。修复时间是把备份节点转为指挥官节点的时间。但该系统中没有采用任何办法使其他的士兵节点成为新的备用节点。这是一个风险,解决该问题的方法是让更多的战士做备份。

系统的可用性表示为:$QA = h(\lambda_c, \lambda_b, \mu_c, \mu_b)$

$\lambda_c = $ failure rate of the commander(指挥官节点的崩溃速度)

$\lambda_b = $ failure rate of the backup(备用节点的崩溃速度)

$\mu_c = $ repair rate of the commander(指挥官节点修复速度)

$\mu_b = $ repair rate of the backup(备用节点修复速度)

可考如下 3 种方式更改该 BCS 系统架构,以改善数据在备用节点之间的发布:

①备用节点可是具有确认能力的节点,与指挥官节点保持完全同步。

②备用节点是仅具有被动接收功能的节点,当某个数据丢失时并不要求重新发送。

③当备用节点成为新的指挥官节点或具有确认能力的节点时,能请求更高层的指挥与控制系统或其他士兵节点重新发送任何丢失的信息。

系统的可用性可以被看作: $QA = g(n, m)$,即质量属性 QA 是具有确认能力的节点数量 n 和被动接收节点数量 m 的函数。n 和 m 是体系结构可用的敏感点。

且通过询问通信和处理的速度,了解到无线调制解调器较低的速度是 BCS 系统的单个最重要的性能驱动因素,其重要程度超过了其他各个方面。

考虑如下三种情况。

①场景 A:对指挥官节点作规则的、周期性的数据更新。

②场景 B:将某个士兵节点切换为备用节点,并要求备用节点获得所有任务、环境数据库的更新、已发布的命令、当前士兵节点的位置及状态和士兵节点的详细装备等各种信息。

③场景 C:把武器准备数量或任务量增大一倍。

由于无限调制解调器是一个共享的通信信道,因此在某个士兵节点或备用节点切换为指挥官节点时,不能再通过该调制解调器进行其他通信,而是采用独立通信构件方法。要使每个备用节点都处于随时可以立即切换的状态,就得使它们成为具有确认能力的节点。当不需要立即切换时,采用被动接收节点即可。这两类备用节点都要求根据指挥官节点进行周期性的更新。根据对场景 B 的分析,计算出这些消息的数据量平均为每 10 分钟

59800 位。

系统性能可以写作：$QP = k(n,m,CO)$。即系统对有确认能力的节点数量 n 和被动接收节点数量 m 及其他通信开销（CO）是敏感的。通信协议开销是个常数，n 和 m 是性能的敏感点。

4. 第三阶段

（7）讨论并确定场景优先级

采用 ATAM 方法对 BCS 系统架构进行评估时所用的场景以循环方式进行集体讨论。确定 BCS 的优先级时，给每位风险承担者都发一定数量的选票。此选票数为总场景数的 30% 为合理。因此，对 BCS 系统来说，每位风险承担者得到了 12 张选票。用投票的方式排序，最后得到 15 个高优先级的场景。

（8）分析体系结构方法

在 ATAM 评估过程中，一旦确定了所要考虑的一组场景，就要把它们作为已记入文档的体系结构方法的测试案例来使用。若某个场景需要对体系结构更改，架构设计师需要论证该场景对体系结构的影响，即更改、添加或删除组件、连接件和接口。

5. 第四阶段

（9）描述评估结果

在 BCS 系统体系结构的评估中，发现了一些潜在的严重问题。

①文档编写。

在评估工作开始之前，由于相关文档很少，故，最好能在第一阶段向承包商索要更多的文档，有利于评估的成功。

②需求。

对 BCS 评估时，系统需求中并没有确定出士兵节点切换成指挥官节点所应花费的时间。在构建可用性模型时得到了这一需求指标。另外两个特定的硬件故障都会使系统无法正常工作，系统需求中对可用性指标没有明确这点。

③敏感点和权衡点。

系统的性能和可用性分别表示为

$$QA = g(n,m) \ , \ QP = k(n,m,CO)$$

参数 m 和 n 控制着系统的整体性能和可用性之间的权衡。因此主动和被动备份的数量是一个权衡点。

④软件体系结构风险。

在评估中发现了一个此前未曾注意的软件体系结构弱点,敌方可能辨别出指挥官节点和备用节点之间的通信模式,从而更明确地将这些节点作为他们的攻击目标。

8.3　CBAM 评估方法[①]

CBAM(Cost Benefit Analysis Method),即成本收益分析方法是对软件系统经济建模的方法,主要针对技术与经济问题及架构决策的评估。但CBAM 是以 ATAM 评估为基础而得到结果的。

8.3.1　CBAM 基本思想

架构策略影响系统的质量属性,而这些质量属性又会为系统的相关赢得一定的收益,通常称该收益为效用。每个架构策略都为涉众提供了特定级别的效用,同时,每个策略对应一个成本,收益和成本的比值叫作投资回报(Return On Investment,ROI),CBAM 方法就是计算各种架构策略的ROI 值,然后协助涉众选择架构策略。

如图 8-7 所示,CBAM 使用场景来表达具体的质量属性,但是它不是使用一个单独的场景,而是通过改变响应值对某一质量属性生成一组场景,每个场景对应一个效用,那么一组响应值就对应一组效用,这样就形成了效用—响应曲线。

从图 8-7 中可知描述效用—响应曲线的关键值包括:

①最坏情况质量属性级别,效用为 0。

②最好情况质量属性级别,效用为 100。

③当前效用级别,效用为 50。

④所期望的效用级别,效用为 90。

⑤对不同质量属性、不同的响应生成不同的效用,这是一个根据响应得到的效用变化值,有了效用—响应曲线,就可以计算各种架构策略的 ROI,从而为我们的架构决策提供一种经济上的依据。

对于每个架构策略而言,总收益为 B_i,总成本为 C_i,每个架构策略的ROI 为 R_i,则

$$R_i = \frac{B_i}{C_i}$$

① 　王小刚,黎扬,周宁.软件体系结构[M].北京:北京交通大学出版社,2014

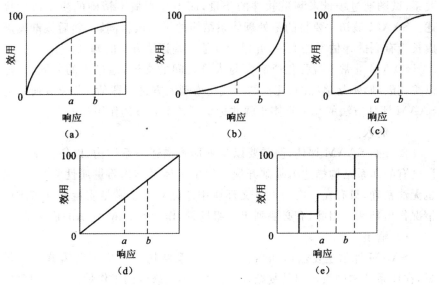

图 8-7　几种不同效用—响应曲线

8.3.2　CBAM 评估步骤

①整理场景：确定场景的优先级，然后选择优先级最高的 1/3 场景。

②对场景进行求精：确定该场景的最好情况、最坏情况、当前情况和期望情况的质量属性响应级别。

③再次确定场景的优先级，只保留一半场景。

④为每个场景的当前级别和期望级别分配效用。

⑤为每个场景开发架构策略，并确定质量响应级别。

⑥使用内插法确定所期望的架构策略效用值。

⑦计算某个架构策略的总收益。

⑧计算 ROI，根据 ROI 选择架构策略。

⑨运用直觉来确认所得到的结果。

8.4　SAAM 评估方法

8.4.1　SAAM 概述

基于场景的体系结构分析方法（Scenario－based Architecture Analysis Method，SAAM），也称为软件构架分析方法，是最早精心设计并形成文档的分析方法。SAAM 是一种直观的方法，仅考虑场景和体系结构之间的关系,试图通过场景来测量软件的质量,而不是大概不精确的质量属性描述。SAAM 最初主要目的是处理体系结构的可修改性问题,随后逐渐发展成长为有利的评估方法之一,并成为其他一些评估方法的基础。

SAAM 非常重视强化所有参与人员之间的交流,通过人的共同点,加以交流鼓励,不是单纯的、死板的形式化模型的方进行评估。图 8-8 所示为 SAAM 评估方法的几个具体步骤并标识了各个阶段的作用和关系。

(1)输入

要开始 SAAM 评估,便需要以某种形式描述体系结构,以便评估工作以已有的体系结构描述为基础开展。但由于体系结构质量属性复杂,含义也无法精确,只有在一定的上下文环境中才能对系统满足质量属性需求的情况作出判断。因此,有必要列出一组场景,作为 SAAM 评估的输入。

(2)输出

SAAM 评估主要输出涵盖:①突出体系结构中对应可能需修改的场景,在体系结构中表现出其复杂性,并附上预期修改的工作量。②在对系统功能的理解下,假定体系结构不修改,比较所支持的功能数。

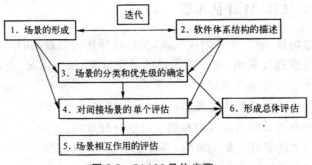

图 8-8 SAAM 具体步骤

SAAM 评估不仅评估了体系结构,也促进了参与人员对被评估体系结构的理解,SAAM 评估还迫使系统的涉众对系统面临的各种潜在更改进行等级划分,这种划分同时考虑了技术方面的因素和商业动机优先级的确定问题,为体系结构未来的发展指明了方向。SAAM 评估还能促进软件体系结构文档质量的提高。在很多情况下,本无文档通过评估便可让体系结构设计师顺利编写出了文档。

SAAM 具有以下几个特性:

①SAAM 的描述,具有简单易懂,合乎语法的特点,可以体现系统的计算组件、数据组件及其他组件之间的关系,对场景生成一个关于特定体系结构的场景描述列表。通过对场景交互进行分析,能得出系统中所有场景对系统组件产生影响的列表,最后对场景以及场景之间的交互做一个总体的

权衡和评估。

②SAAM 不考虑知识库的可复用性问题。

③SAAM 是一种成熟的方法,已被应用到众多系统中,例如空中交通管制、财政管理、电信、嵌入式音频系统、修正控制系统(WRCS)、根据上下文查找关键词系统(KWIC)等。

④SAAM 对体系结构的描述采用自然语言或其他形式的表示方法,SAAM 所采用的场景能够分别支持对体系结构的静态结构分析和动态分析。

⑤SAAM 缺陷:一是没有提供体系结构质量属性的清晰度量,二是评估过程依赖于专家经验,故,只适用于简单评估。

8.4.2　SAAM 评估步骤

1. 场景形成

场景应表明系统必须支持的活动类型,同时也应该表明客户期望对该系统所作更改的类型。因此,在形成这些场景的过程中,要全面捕捉系统主要用途,系统的用户预期将对系统作更改,系统在当前及可预见的未来必须满足的质量属性的信息。只有这样,形成的场景才能反映不同参与者的不同立场。

形成场景的过程也需要各位人员功能参与,在轻松、自由的环境中提出一个个可以代表他们各自需求的场景。生成的所有场景都应该认真记录到列表中以便涉众之后审查。对那些缺乏评估经验的人,可能需要一个指导教程,这样才能保证"好"的场景生成。所谓"好"场景,是指这些场景反映了系统主要用例,潜在修改或更新,或系统行为必须符合的其他质量指标。

这一阶段可能会迭代几次。收集场景时,参与者可能会在当时的文档中找不到需要的体系结构信息。而补充的体系结构描述反过来又会触发更多的场景。场景开发和体系结构描述是互相关联、互相驱动的。

2. 体系结构描述

一般评估选择参评各方都可以充分理解的形式对评估的一个或多个体系结构进行描述,这种描述必须要说明系统中的运算和数据构件,也要阐明它们之间恰当的联系。除了要描述这些静态特征外,还要说明系统在某一时间段内的动态特征。体系结构的表述可为自然语言,也可为较为形式化的方式。

场景的形成和体系结构的表述常常相互影响。一方面,对体系结构的表述迫使涉众们考虑对所评估的体系结构的某些具体特征的场景；另一方面，场景也反应了对体系结构的需求，因此必须体现在体系结构描述中。故形成场景和描述体系结构这两步经常是交替进行，或者是进行若干次重复，达到两方面都满意的状态。

3. 场景分类和优先级确定

一般而言，SAAM 评估关心的是诸如可修改性这样的属性，所以在对场景划分优先级之前要先对场景进行分类。

SAAM 评估中场景可分为两类：直接场景和间接场景。

直接场景是指体系结构直接支持的场景，即在考虑这种场景的使用情况时不需要对体系结构作任何修改即可实现，可演示现有体系结构在执行此场景时的表现，或者按照现有体系结构开发出来的系统能够直接实现这些场景。通常，直接场景无法揭示体系结构缺陷，但却可提高涉众对体系结构的理解程度，有助于对其他场景的评估。

间接场景是指需要对现有体系结构进行修改才能支持的场景，如要实现场景中的功能，需要修改一个或多个构件，包括添加或删除一个构件，为已有构件建立某种新的联系或取消某种已有的联系，更改某一接口，或者是以上多种情况的综合。间接场景是 SAAM 后续活动最关键的驱动器。通过充分考虑各种间接场景，可在很大程度上预测系统将来的演化，虽然这种预测可能很模糊。

通过对场景设置优先级，可保证在评估的有限时间内考虑最重要的场景。这种"重要"完全是由涉众及其所关心的问题决定的，他们用自己认为合适的方式对场景投票，可以为一个场景投一张或多张选票来表达他们所关心的问题。

4. 间接场景独立评估

一旦确定了要考虑的场景，就需要将场景与体系结构描述对应起来，对于直接场景而言，体系结构设计师需要讲清楚所评估的体系结构如何执行这些场景；而对于间接场景而言，体系结构设计是需要说明在体系结构中要作哪些修改才能适应间接场景的要求，即必须列出为支持某场景而需要对体系结构作出的修改，并估计修改代价。记录人员应把全部场景的描述、这些场景对体系结构的支持和支持间接场景的代价记录下来。

在该步骤中，评审人员和涉众会更清楚地认识到体系结构的组成及构件间的动态交互情况。涉众的讨论对于弄清场景表述的实际意义、场景与质量属性的对应关系具有重要意义。同时，这个过程也会暴露出体系结构

及其文档的不足之处

5. 评估场景关联

场景关联的含义：当不同场景要求修改同一个体系结构元素时称这些场景关联于此元素。场景关联意味着原始设计的潜在风险。这里需要强调的一点是所谓场景"不同"是指场景的语义有差异，该语义由涉众决定。在分类和设置优先级处理之前，共同点的场景可被归为一组或合并以避免评估冗余，最终保留那些反映典型用例，典型修改或其他质量属性而又很少重叠的场景。语义不同的场景影响同一体系结构元素的情况表明设计的不良。场景关联度高表明功能分解不好，当然如果某些经典体系结构模式的工作方式就是如此，可视为例外。通常而言，场景关联可能是极大的隐患，因为将来系统演化的时候该关联会导致混乱的修改。虽无须认定所有的场景都是隐患之源，但需要足够重视。

不过在识别场景关联时要小心一些伪关联。有时体系结构文档表明某个构件参与了某个关联，但是实际上是该构件内部分解良好的子构件独立处理了不同的"关联"场景。这时可以返回到步骤 2——体系结构描述——检查一下文档的详细程度是否满足关联识别所需。

6. 形成总体评估

SAAM 的最后一步是形成总结报告。若候选体系结构只有一个，则总体评估的主要内容便是审查之前的这些步骤的结果并总结成报告。修改计划将基于此报告。

若存在多个候选体系结构，则需横向比较。为此需要根据各个关键场景和商务目标的关系来决定每个关键场景的权重。比较体系结构时会发现，某个体系结构在某些场景下表现突出，而另一个体系结构在另一些场景下最好。有时简单的根据候选体系结构在哪些场景下具有优势很难做出选择。这时需要利用权值方法来确定总体评价。

权值的设定带有很强的主观性，需要让所有涉众共同参与。例如，可以根据预计的成本、风险、推向市场的时间或其他共同认可的标准设置场景的权值。

易知，评估多个体系结构时，各个设计方案中直接场景和间接场景的数量也会影响整体的评价。

对于形成的总体评估结果，通常采用直观的表格作为结果的表现形式，这样更容易看出哪个方案能更好地实现对某一组场景的支持。

表 8-5 给出了两种体系结构方法的比较，目的是编写一个上下文中的

关键字系统,其中一种方法是采用共享内存,另一种方法是使用抽象数据类型。对照 4 个间接场景对这两种方法进行了比较,同时也对所发现的场景交互数量作了比较。表中,"+"表示相应的体系结构要好些,"-"表示该体系结构稍差些,而"0"表示两个体系结构之间没什么差别。为场景设置权值,用数值来取代"+"或"-",就可得出对每个软件体系结构的总体评价。

表 8-5　评估总结表示例

	第 1 号场景	第 2 号场景	第 3 号场景	第 4 号场景	第 5 号场景
共享内存	1	0	—	—	—
抽象数据类型	0	0	+	+	+

8.5　ARID 评估方法

SAAM 和 ATAM 都是对软件的完整体系结构进行评估的方法。但实践中,由于体系结构设计的复杂性,需要经过长时间不断阶跃式完善才能完成,若其中的某些子问题设计不够合理,整个体系结构必然存在若干问题。这时,就需要对尚不完备的体系结构进行评估。中间设计的积极评审(Active Reviews for Intermediate Designs,ARID)法无疑就是一个好的选择。

ARID 是两大类方法相交叉的产物:第一类是基于场景的设计评审方法,另一类则是积极设计评审(Active Design Review,ADR)。ARID 方法可在体系结构不完善、缺少详细文档的情况下,帮助设计人员判断所采用的设计方案是否合适,帮助该体系结构潜在用户了解怎样复用该框架,因此需要评审人员积极参与。其优点是评审人员通过一系列的演练来考察设计方案。

可将 ARID 的实施分为两大阶段。第一阶段为准备阶段,具体可分为 4 个步骤;第二阶段为评审阶段,具体可分为 5 个步骤。对 ARID 的 9 个实施步骤介绍如下:

(1)确定评审人员

评审人员应该是将要使用所评审方案的软件工程师。因为他们一定会关注该方案,或说承担其风险,因此,由他们来判断此方案是否充分最适合。所以,这里将 ADR 方法中的评审人员和 ATAM 方法中的涉众合二为一了。在 ARID 方法中,评审人员就是该设计方案的涉众。涉众的人数一般应为 12 人左右,但这要取决于用户群的大小。

(2)准备对设计方案的介绍

设计人员要准备进行情况说明,对要评审的设计方案作出解释。这将起到如下几方面的作用。

· 使评审组织者了解此设计方案,并提出几个评审人员很可能会提出的"重要"问题,从而帮助设计人员更好地准备此发言。

· 有助于找出该发言中哪些地方尚需要改进。

· 有利于掌握发言的节奏,保证不超过两小时。

· 这也为设计人员提供了一次向重要人士介绍此设计方案的机会。

(3)准备种子场景

设计人员和评审组织者要准备若干种子场景。主要目的是向评审人员说明场景的概念,使评审人员可以看到一组场景示例。这些场景在实际评估中可能用也可能不用,这由涉众来决定。要准备大约 12 个场景。

(4)准备相关的材料

需要准备多份设计方案介绍、种子场景、评审日程等材料,以便在第 2 阶段的会议上分发给各位评审人员。要对第 2 阶段的会议进行筹划,邀请相关的涉众,并采用措施保证有足够多的评审人员到场。

(5)ARID 方法介绍

评审组织者要花大约半小时的时间向参评人员介绍 ARID 方法的步骤。

(6)设计方案的介绍

设计负责人用两个小时的时间对设计方案进行总体介绍,并演练某些例子。在这段时间内,必须遵循的一个基本规则是,不准提任何关于具体实现或基本思想的问题,也不准提其他可能的设计方案。注意这里需要弄明白该设计方案是否适宜,而不是为什么要这么设计,也不是为了了解在接口之后的实现细节。允许并鼓励提出旨在澄清事实的问题。在这一表述过程中,评审组织者要保证这一规则的贯彻实施。

(7)集体讨论并确定场景优先级

要用一定的时间对场景进行集体讨论,确定他们的优先级。像 ATAM 方法一样,涉众们也要提出运用该方案解决他们认为将会面临的问题的场景。在集体讨论期间,要平等对待所有的场景。要把种子场景和后来提出的场景放在一起,一视同仁。

(8)运用所选出的场景

从支持最多的场景开始。评估组织者要求评审人员分成若干个小组,编写出运用设计方案解决该场景所提出的问题的代码。这一步的工作应反复进行,直到出现下述情况之一为止:

· 到了按计划应该停止的时间。

· 所有具有最高优先级的场景都处理完了。

· 评审小组对所得到的某个结论感到满意。

(9)总结

评审组织者讲评记录下来的待解决的问题,引导参评人员发表关于此次评审的效果的意见,对各位参与人员表示感谢。

上述三种评估方法的比较如表 8-6 所示。

表 8-6　ATAM、SAAM 和 ARID 的比较

	ATAM	SAAM	ARID
涉及的质量属性	不面向任何具体质量属性,单根据其历史,它更侧重于可修改性、安全性、可靠性和性能	主要是可修改性和功能	设计方法的适宜性
分析的对象	体系结构方法或样式,阐述过程、数据流、使用、物理或模块视图的体系结构文档	体系结构文档,特别是阐述逻辑或模块视图的部分	构件的接口规范
适用阶段	在体系结构设计方法选定之后	在体系结构已经将功能分配到各个模块之后	在体系结构设计期间
采用的方法	利用效用树和对场景的集体讨论来搞清质量属性需求;通过体系结构方法的分析确定出敏感点、权衡点和风险	利用对场景的集体讨论弄清质量需求;通过场景演练来验证功能或对更改成本做出估计	积极设计评审,对场景进行集体讨论

续表

	ATAM	SAAM	ARID
资源需求	一般用 3 天的时间，另外还有预先的准备时间和之后的总结时间；参评人员有客户、体系结构设计师、涉众和 4 人评估小组	一般用 2 天时间，另外还有之后的总结时间；参评人员有客户、体系结构设计师、涉众和 3 人评估小组	一般用 2 天时间，另外还有预先的准备时间和之后的总结时间；参评人员有体系结构设计师、设计人员、涉众和 2 人评估小组

参考文献

[1]王映辉.软件构件与体系结构[M].北京:机械工业出版社,2009.

[2]张友生.软件体系结构原理（2 版）[M].北京:清华大学出版社,2014.

[3]刘新涛.软件体系结构分析与评估方法研究[D].哈尔滨工程大学,2006.

[4]李金刚,赵石磊,杜宁.软件体系结构理论及应用[M].北京:清华大学出版社,2013.

[5]张友生.软件体系结构原理、方法与实践[EB/OL]..
http://wenku.baidu.com/view/39f1ea3c580216fc700afd72.html..

[6]张健沛;刘新涛;杨静.软件体系结构分析与评估方法研究[J].计算机应用研究,2007.

[7]周欣;黄璜;孙家骕;燕小荣.软件体系结构质量评价概述[J].计算机科学,2003.

[8]刘艳艳.电子科技大学[D].电子科技大学,2009.

[9]胡红雷,毋国庆,梁正平,刘秋华.软件体系结构评估方法的研究[J].计算机应用研究,2004.

第9章 软件体系结构集成开发环境

本章围绕着体系结构的开发工具——体系结构集成开发环境对系统结构开发的重要性进行了展开。重点介绍了体系结构 IDE 原型,并给出了 ArchStudio4 的详细安装步骤与使用方法。

9.1 集成环境原型

9.1.1 软件体系结构集成开发环境的作用

1. 与形式化描述方法的比较

可以用软件体系结构的描述语言对系统的整体框架进行描述,如 UML、ADL、XML 等。但是随着软件应用技术的发展,程序逻辑复杂度的提高,越来越多的研究者更喜欢用功能强大的辅助开发工具——软件体系结构集成开发环境对软件体系结构进行描述。如今,很多开发者利用体系结构开发工具对特定领域的体系结构进行设计。在软件体系结构设计的过程中,使用软件开发工具,许多步骤可以部分或完全自动完成。开发工具开始支持分析、配置控制、调试、测试和编档。从 ADL 等形式化方法描述到利用体系结构开发工具对软件体系结构进行设计是软件应用技术发展的必然结果。

与形式化描述方法相比,用体系结构集成开发环境对软件体系结构进行设计的优点可以概括为以下几个方面。

①使用集成开发环境可以使开发者彻底远离复杂的语法、语义、标识符号和公式,只需集中精力设计系统的体系结构。

②集成开发环境开始支持分析、配置控制、调试、测试和编档,可以对逻辑结构复杂的系统的资源进行有效的管理和利用。有效地提高了软件生产率,降低了开发和维护成本,保证了软件产品的质量。

③在软件开发过程中,集成开发环境把开发过程中所需的各项功能集合在一起,许多步骤可以部分或完全地自动完成。

④集成开发环境提供了友好的图形用户界面和可视化操作,形象化了开发过程和结果。

⑤ 易理解,加强了研究人员之间的交流与沟通。

2. 集成开发环境的作用

不同的体系结构,原型支持工具也不同。支持工具根据体系结构的不同侧重具有不同应用功能。这些工具包括 UniCon、Aesop 等体系结构支持环境,C2 的支持环境 ArchStudio 支持主动连接件的 Tracer 工具。另外,还出现了很多支持体系结构的分析工具,如静态分析工具、类型检查工具、层次结构层依赖分析工具、动态特性仿真工具、性能仿真工具等。

集成开发环境是一个集编辑、编译、运行计算机程序于一体的工具。体系结构集成开发环境基于体系结构形式化描述从系统框架的角度关注软件开发。体系结构开发工具是体系结构研究和分析的工具,给软件系统提供了形式化和可视化的描述。它不但提供了图形用户界面、文本编辑器、图形编辑器等可视化工具,还集成了编译器、解析器、校验器、仿真器等工具;不但可以针对每个系统元素,还支持从较高的构件层次分析和设计系统,这样可以有效的支持构件重用。具体来说,体系结构集成开发环境的功能可以分为 5 类:辅助体系结构建模、支持层次结构的描述、提供自动验证机制、提供图形和文本操作环境、支持多视图。

(1)辅助体系结构建模

集成开发环境的功能有很多,其中最重要的就是体系结构模型的建立。软件体系结构的描述方法有很多,例如非形式化的方法(UML 等),形式化的方法(ADL、XML 等)。非形式化的方法只适用于离散系统,在工程物理等连续系统中并不适用。而形式化的方法语法语义规则复杂,不便于理解。集成开发环境的出现弥补了非形式化方法及形式化方法的不足。使用集成开发环境工具,开发者只需经过简单的操作就可以完成体系结构的设计,还可以针对特定领域的体系结构进行设计,节省了时间和精力,提高了效率。集成开发环境提供了一套支持自动建模的机制完成体系结构模型分析、设计、建立、验证等过程。用户可以从实际需求、应用领域和体系结构网格等方面对体系结构开发工具进行选择。

(2)支持层次结构的描述

随着软件应用技术的发展,软件系统规模越来越大、程序逻辑问题越来越复杂,简单的结构表达已经不能满足软件系统的需要,这时就需要层次结构与开发工具的支持。图 9-1 描述了一个简单的具有层次结构的客户端—服务器系统。

由图 9-1 可以看出系统包括客户端(Client)和服务器(Server)两个构件,客户端可以向服务器提供服务,服务器使用客户端提供的功能。服务器是一个包含了显示器（Moniton）、数据库（Database）以及硬件（Facilities）3个构件的复杂元素，显示器、数据库以及硬件之间相互关联形成了一个具有独立功能的子系统，子系统通过接口与外界进行交互。体系结构集成开发环境提供了子类型和子体系结构等机制来实现层次结构。用户还可以根据需要自定义类型，只需将这种类型实例化为具体的子系统即可。

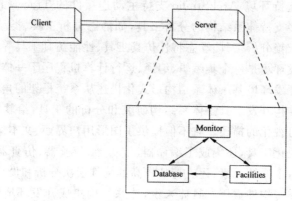

图 9-1　层次构件

（3）提供自动验证机制

自动验证机制是每个体系结构集成开发环境中不可缺少的一种功能。体系结构描述语言解析器和编译器更是集成开发环境中必不可少的模块。除此以外，开发环境不同、系统的具体要求不同，验证机制就不同。Wright提供模型检测器来测试构件和连接器死锁等属性，它通过一组静态检查来判断系统结构规格说明的一致性和完整性，同时还支持针对某一特定体系结构风格的检查；C2 通过约束构件和连接器的结构和组织方式来检查一致性和完整性；SADL 利用体系结构求精模式概念保证使用求精模式的实例。每一步求精过程都正确，采用这种方式能够有效地减少体系结构设计的错误；ArchStudio 中的 Archlight 不但支持系统的一致性和完整性检查，还支持软件产品线的检测。

集成开发环境的校验方式可分为主动型和被动型两种。主动型是指在错误出现之前采取预防措施，是保证系统不出现错误状态的动态策略。它根据系统当前的状态选择恰当的设计决策保证系统正常运行。例如，在开发过程中阻止开发者选择接口不匹配的构件；集成开发环境不允许不完整的体系结构调用分析工具。被动型是指允许错误暂时存在，但最终要保证系统的正确性。被动型有两种执行方式，有的允许预先保留提示错误稍后再作修改，有的必须强制改正错误后系统才能继续运行。例如，在 MetaH 的图形编辑器中，启动"应用"按钮之前必须保证系统是正确的。

（4）提供图形和文本操作环境

集成开发环境提供了友好的图形用户界面和可视化操作，形象化了开发过程和结果。主要可以概括为以下几个方面。

①集成开发环境提供了包含多种界面元素的图形用户界面，例如工具栏、大纲视图等。工具栏显示了常用命令和操作；视图以列表或者树状结构的形式对信息进行显示和管理。

②集成开发环境提供了图形化的编辑器，它用形象的图形符号代表含义丰富的系统元素，用户只需选择需要的图形符号，设置元素的属性和行为并建立元素之间的关联就可以描绘系统了。例如，Darwin 系统提供基本图元代表体系结构的基本元素，例如空心矩形表示构件，直线表示关联，圆圈表示接口；每个图元都有自己的属性页，通过编辑构件、关联和接口的属性页来设置体系结构的属性值。

③集成开发环境利用文本编辑器帮助开发者记录和更新体系结构配置和规格说明。通常，集成开发环境会根据模型描述的系统结构自动生成配置文档。当模型被修改时，它的文本描述也会发生相应的变化，这种同步机制保证了系统的一致性和完整性。

④集成开发环境还支持系统运行状态和系统检测信息的实时记录，这些信息对分析、改进、维护系统都很有价值。

（5）支持多视图

近年来，随着软件应用技术的发展，系统规模的扩大，多视图也变得越来越重要，越来越多的研究者注重对多视图的研究。多视图把整个规模庞大、复杂的系统分为用户关注的各个特定方面，每个方面都可以通过相关的视图显示出来。把体系结构描述语言和多视图结合起来描述系统的体系结构，能使系统看起来更加直观清晰、更易于理解，方便不同的研究人员之间的沟通与交流，还有利于系统的一致性检测以及系统质量属性的评估[①]。图形视图和文本视图是两种常见的视图。图形视图是一个抽象的概念，并不是指具体的哪一种视图，是指用图形图像的形式将系统的某个侧面直观地表达出来。逻辑视图、物理视图、开发视图等都属于图形视图。文本视图是指用文字形式记录系统信息的视图。此外，还存在很多特殊的体系结构集成开发环境特有的视图。例如，Darwin 系统中的分层系统视图、ArchStudio 的文件管理视图、Aesop 支持特定风格形象化的视图等。

---

① 覃征，邢剑宽，董金春.软件体系结构[M].北京：清华大学出版社，2008

9.1.2　体系结构 IDE 原型

随着软件体系结构种类的增多以及各种实际环境的需要,研究者开发出了不同的集成开发环境。不同的集成开发环境,应用的场合不同,适用的体系结构也不同,但它们的核心框架与实现机制相同。把这些本质的东西抽象出来可以总结出一个体系结构集成开发环境原型。该原型只是一个通用的框架,并不能执行任何实际的操作。但它可以帮助开发人员更好地理解开发工具的结构和工作原理,加强开发人员和用户之间的沟通与交流。下面以 XArch 系统为例来介绍体系结构 IDE 原型。XArch 系统原型框架结构如图 9-2 所示。

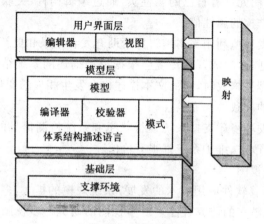

图 9-2　原型框架

从集成开发环境的工作机制看,原型有用户界面层、模型层、基础层三个层次。基础层是整个系统的基础,也是系统的最底层,它覆盖了系统运行所必需的基本条件和环境,是系统正常运行的基础保障,基础层的功能要求由模型层实现。模型层是整个系统的中间层,它介于基础层与用户界面层中间,是整个系统的核心,它不仅访问基础层提供的服务,以执行自己的功能,而且还提供用户界面层会使用的功能。用户界面层是整个系统和外界进行交互的一个接口。此外,模型层和用户界面层的正常运行还需要映射模块的有效支持,映射文件将指导和约束这两层的行为。

1. 用户界面层

用户界面层是整个系统的最高层,集成了用户需要的所有操作,是系统与外界进行交互的唯一接口。用户所需的操作可以通过编辑器和视图两个构件来完成。编辑器是开发环境中的可视构件,它与 Microsoft Word 文件系统应用工具一样,通常用于编辑或浏览资源,允许用户打开、编辑、保存处理对象。允许多个编辑器类型的文件同时存在。视图也是开发环境中的可视构件,它通常用来浏览分层信息、打开编辑器或显示当前活动编辑器的属性[①]。与编辑器不同的是,同一时刻只允许特定视图类型的一个实例在工作台存在。编辑器和视图既可以是活动的,也可以是不活动的,但不论什么时候,活动的只能有一个,不允许多个同时活动。

　　XArch 系统的工作台是一个独立的应用窗口,包含了一系列视图和编辑器。工作台基于富客户端平台(Rich Client Platform),它最大的特点是支持用户建立和扩展自己的客户应用程序。如果现有的编辑器或者视图不能满足用户的实际需求,用户可以根据需要灵活地在接口上扩展新的功能。

　　图 9-3 显示了 XArch 系统的部分编辑器和视图。左侧的资源管理器视图将系统所有的信息以树状结构显示出来;右边的属性视图显示了考察对象的属性和属性值;下面是记录系统重要状态的日志视图。占据工作台最大区域的是中间的编辑器,是主要的操作场所。为了满足相关人员不同的需求,系统支持多视图。系统用标签对多个视图进行区分和管理,用户可通过选择标签在不同视图间转换。

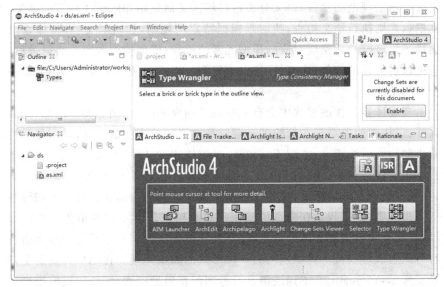

图 9-3　XArch 系统

---

① 覃征,邢剑宽,董金春.软件体系结构[M].北京:清华大学出版社,2008

2. 模型层

模型层介于基础层与用户界面层中间，是整个系统的核心，系统的重要功能都被集成在这一层，它主要重任务是辅助体系结构集成开发环境建立体系结构模型。

体系结构描述语言文档是系统的输入源。有的体系结构集成开发环境对描述语言的语法有限制或约束，这就需要修改语言的语法与其兼容。输入的体系结构文档是否合法有效，是由专门的工具来检验的。此处的编译器不同于往常的把高级程序设计语言转化为低级语言（汇编语言或机器语言）的编译器，它是一个将体系结构描述转化为体系结构模型的工具。为实现此功能，编译器一般要完成下列操作：词法分析、解析、语义分析、映射、模型构造。

词法分析是遵循语言的词法规则，扫描源文件的字符串，识别每一个单词，并将其表示成所谓的机内 token 形式，即构成一个 token 序列；解析过程也叫语法分析，是指根据语法规则，将 token 序列分解成各类语法短语，确定整个输入串是否构成一个语法上正确的程序，它是一个检查源文件是否符合语法规范的过程；语义分析过程将语义信息附加给语法分析的结果，并根据规则执行语义检查；映射是根据特定的规则，如映射文档，将体系结构描述语言符号转换成对应的模型元素的过程；模型构造紧跟着映射过程，它把映射得到的构件、连接件、接口等模型元素按语义和配置说明构造成一个有机整体。

在编译器工作的过程中会有一些隐式约束的限制，例如类型信息、构件属性、模块间的关系等。校验器是系统最主要的检查测试工具，采用显示检验机制检查语法语义、类型不一致性、系统描述二义性、死锁等错误，以保证程序正常运行；模式是一组约束文档结构和数据结构的规则，它是判断文档、数据是否有效的标准；映射模块是抽象了体系结构描述语言元素和属性的一组规则，这组规则在模型层和用户界面层担任了不同的角色。在模型层，它根据映射规则和辅助信息，将开发环境无法识别的体系结构描述语言符号映射成可以被工具识别的另一种形式的抽象元素。在用户界面层支持模型显示，它详细定义了描述语言符号如何在模型中表示，如何描绘模型元素以及它们之间的关系。

建立体系结构模型是这层的最终目标，模型层用树或图结构抽象出系统，形象地描述了系统的各构件及它们之间的关系。通常，一个系统用一个体系结构模型表示。对于一个规模庞大、关系复杂的模型，不同的系统相关人员只需侧重了解他们关注的局部信息，而这些信息之间具有很强的内聚性,可以相对独立地存在。针对某一观察角度和分析目的,提取一系列相互关联且与其他内容相对独立的信息,就可以构成软件体系结构视图。一个模型可以构造成多种视图,通过不同的视角细致全面地研究系统。

XArch 系统只处理基于 XML 扩展的体系结构描述语言,即 FEAL 兼容的体系结构描述语言,如果不符合这一要求,则可以适当调整语法结构来满足 FEAL 的规范。软件体系结构描述不仅是 XML 结构良好的,还必须是符合模式规定的有效的文档。该系统不但支持对系统的分析、验证和序列化等操作,还支持视图和模型之间的相互转化

XArch 系统不仅仅是一个体系结构开发环境,还是一个扩展工具的平台。它的扩展性主要体现在两个方面。

①可以灵活地创建和增加一种新的软件体系结构描述语言或语言的新特性,以满足新功能和新需求。如图 9-4 所示,系统通过引入一个中间介质 FEAL,使模型脱离与体系结构描述语言的直接联系,从而拓展了体系结构描述语言符号到模型元素固定的对应关系。体系结构描述语言的元素首先根据映射规则被映射为 FEAL 元素(FEC)的形式,FEC 再对应到相应的模型的构件。因此,只要体系结构描述语言符号到 FEC 的映射是有效的,那么无论哪种体系结构描述语言都可以构造对应的体系结构模型。当新的体系结构描述语言或新的语言特性出现时,只需修改映射规则就能有效地支持。

②XArch 系统提供了一系列可扩展的可视化编辑接口,支持定义新界面元素。

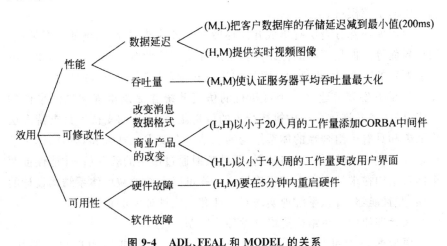

图 9-4　ADL、FEAL 和 MODEL 的关系

3. 基础层

基础层是整个系统的最底层,也是系统正常运行的基本保障,涵盖了系统运行所需的软/硬件支撑环境,它还对系统运行时所用的资源进行管理和调度,为模型层提供服务。一般情况下,简单配置就可以满足系统正常运行的需要,但是有的体系结构集成开发环境需要更多的支持环境。例如,ArchStudio 4 作为 Eclipse 的插件,必须在 Java 和 Eclipse 环境下运行。

4. 体系结构集成开发环境设计策略

目前,集成开发环境都很注重体系结构的可视化和分析,有的也在体系结构求精、实现和动态性上具有强大的功能。体系结构开发环境原型提供了一个可供参考的概念框架,它的设计和实现需要开发人员的集体努力。下面是体系结构集成开发环境设计的 3 条策略。

①体系结构集成开发环境的设计必须以目标为向导。

集成开发环境的开发遵循软件开发的生命周期,需求分析是必需且非常重要的阶段。开发者只有明确了实际需求,才能准确无误地设计。无论是软件本身还是最终用户都有很多因素需要确认。例如,集成开发环境可以执行什么操作?怎么执行?它的结构怎样?哪一种体系结构描述语言和体系结构风格最适合它?哪些用户适合使用该系统?怎样解决系统的改进和升级?这些问题给设计者提供了指导和方向。

②为了设计一个支持被扩展的体系结构集成开发环境,必须区分通用和专用的系统模块。

通用模块部分是所有集成开发环境都必备的基础设施,例如支撑环境、用户界面等。但是不同的体系结构集成开发环境针对不同的领域需要解决千差万别的问题,因此每种体系结构集成开发环境都有自己的特点。例如,Rapide 的开发环境建立一个可执行的仿真系统并提供检查和过滤事件的功能,以此来允许体系结构执行行为的可视化;SADL 的支持工具支持多层次抽象和具有可组合性的体系结构的求精。它要求在抽象和具体的体系结构之间建立名字映射和风格映射,两种映射通过严格的验证后,才能保证两个体系结构在求精意义上的正确性。这样可以有效地减少体系结构设计的错误,并且能够广泛、系统地实现对设计和正确性证明的重用。

③合理使用体系结构集成开发环境原型。

原型框架为可扩展性开发工具的设计提供了良好的接口。例如,XArch 系统可以通过添加语言符号或定义 FEAL 兼容的体系结构描述语言来扩展现有的功能。这样,体系结构专用的功能就可以作为动态插件应用到集成开发环境中,增强开发工具的功能,扩大它的使用范围。

9.2 基于软件体系结构的开发环境 ArchStudio 4

9.2.1 ArchStudio 4 的作用

ArchStudio 4 是面向体系结构的基于 xADL2.0 的开源集成开发环境。它不但具有体系结构建模功能,还可以对系统运行时刻和设计时刻的元素提供建模支持以及对软件产品线体系结构的建模支持。

ArchStudio 4 在前一版的基础上添加了新的特性和功能,在可扩展性、系统实施和工程性上有新的发展。ArchStuaio 4 的作用主要体现在基本功能和扩展功能两方面。它不但实现了建模、可视化、检测和系统实施等基本功能,还良好地支持这些功能的扩展。

(1)建模

作为软件体系结构开发辅助工具,ArchStudio 4 最主要的功能就是帮助用户用文档或者图形方式表达设计思想。模型像建筑蓝图一样从较高的角度把系统抽象成一个框架,抽象的结果将以 XML 的形式存储和操作。用户可以利用系统多个视角对该模型进行考察和研究。此外,ArchStudio 4 还支持体系结构分层建模、软件产品线建模,而且可以时刻监视变化的体系结构。

(2)可视化

ArchStudio 4 提供了多种可视化的构件,例如视图和编辑器。视图和编辑器用文本或图形方式形象化体系结构描述,例如 Archipelago、ArchEdit、Type Wright 等工具,同时也给系统涉众提供了交互和理解的平台。

(3)检测

ArchStudio 4 集成了功能强大的体系结构分析和测试工具 Schematron。它通过运行一系列预定的或用户定义的测试来检查系统。Archlight 根据标准来自动测试体系结构描述的正确性、一致性和完整性等。检查出来的错误会显示出来,同时帮助用户定位出错的地方并提供修改途径和方法。

(4)实施

它帮助将体系结构运用到实施的系统中。ArchStudio 使用自己的体系结构设计思想和方法来实现自身。ArchStudio 本身的体系结构是用 xADL2.0 详细描述的,这些文件都是实施的一部分。一旦 ArchStudio 在机器上运行,它的体系结构描述将被解析,这些信息将被实例化并连接到预定的构件和连接件上。

除此以外,ArchStudio 4 对上述的功能提供了良好的扩展机制。它基于 xADL2.0,而 xADL2.0 是模块化的,不是一个独立的整体。它没有将所有词法和语法一起定义,而是采用根据 XML 模式分解模块的方式。如图 9-5 所示,每个

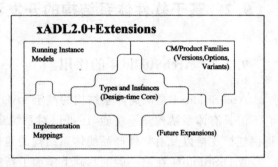

图 9-5　xADL2.0 结构

模块相互分裂,侧重实现系统的某一功能,4 个模块都与中间的模块交互,5 个模块共同组成了一个有机的系统。例如,可将构件和连接件分解为多个相互关联的模块。目前,模块技术已经能处理构件和连接件等低层次的构件,还能处理软件产品线、实施映射、体系结构状态。ArchStudio 4 根据模式自动生成一个数据绑定库以便为别的工具提供共享功能。这样,用户就可以扩展 xADL 语言的新特性并自动生成支持新特性交互的库。总之,ArchStudio 在 xADL2.0 支持下允许开发者定义新的语义和规则去获取更多的数据信息来满足新的需求,如图 9-6 所示。

(5)可扩展的建模

开发 ArchStudio 4 的目标就是要实现体系结构建模的可扩展性。它基于可扩展的体系结构描述语言 xADL2.0,利用添加新的 XML 模式来支持模型扩展。

(6)可扩展的可视化

可视化编辑器利用可扩展的插件机制添加对新体系结构描述语言元素编辑的功能。

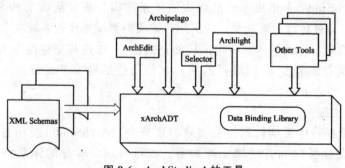

图 9-6　ArchStudio 4 的工具

（7）可扩展的检测

用户可以在 Schematron 中设计新的测试，也可以集成新的分析引擎来满足高要求的检验。在 ArchStudio 4 中，所有的检测工具都作为 Archlight 插件使用，因此用户可以通过添加插件完成新的测试。Archlight 集成了功能强大的 Schematron XML 分析引擎，别的测试引擎也可以无缝地集成到 Archlight 中，如图 9-7 所示。

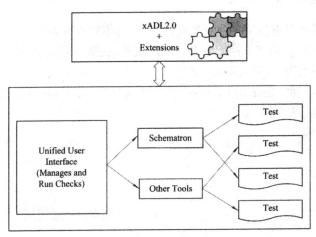

图 9-7　可扩展的检测工具

（8）可扩展的实施

用户可以灵活地把体系结构与 Myx 框架绑定起来。Myx 是在 ArchStudio 4 建立的体系结构风格。此风格适合开发高性能的、灵活的集成开发环境。Myx-whitepaper 定义了一套构件和连接件的构建规则，提供了定义构件同步和异步交互的模式，同时还规定了哪些构件可以相互约束，确定了构件间直接的或者分层的关系。在 Myx 风格的约束下，构件之间的相对独立有利于构件重用，构件只能通过显示接口与外界传递消息，因此不需对构件重新编码就可以在不同配置的构件间建立联系。此外，动态代理和事件处理机制支持在运行时刻控制连接状态。

9.2.2　ArchStudio 4 的安装

1. 硬件配置需求

硬件配置取决于具体的实际应用需求，例如，程序规模、程序预期的运行时间等。对于 ArchStudio 4 来说，使用 x86 体系结构兼容的计算机，PenfiunⅢ处理器，128MB 内存以上的配置即可。

2. 软件配置需求

ArchStudio 4 是开源开发工具 Eclipse 的插件。它可以在任何支持 E-clipse 的系统上运行。不过,必须有 JREl.5 或者更高版本和 EcKpse3.2.1 或者更高版本的支持。

3. 安装 ArchStudio 4

安装过程只需按照安装向导进行即可,具体的步骤如下:

①在"Eclipse"菜单栏上单击"Help"按钮,在菜单列表中选择"Software Updates"→"Find and Install"命令。

②在弹出的"Install/Updates"窗口中选择"Search for new features to install"选项,单击"Next"按钮。

图 9-8　ArchStudio 4 界面

③在弹出的"Install"对话框中单击"New Remote Site"按钮;分别在 "Name"文本框中输入一个名字标识,在 URL 文本框中填写"http:www. isr. uci. edu/projects/archstudioupdate",确认这些信息后单击"Finish"按钮。

④在弹出的"Updates"窗口中,选择需要安装的属性,这里把所有的属性都选中。然后在许可确认对话框中,单击"同意"按钮继续后面的安装。

⑤等待 Eclipse 下载 ArchStudio 4 和相关工具,下载完成后在弹出的确认下载对话框中确认信息完成安装。重新启动 Eclipse 后,在 Eclipse 的菜单栏上单击"Windows"按钮,选择"Open perspective"→"other"→"ArchStudio 4"命令,确认后就可以开始使用 ArchStudio 4 了。ArchStudio 4 的界面如图 9-8 所示。

根据分工不同,把 ArchStudio 4 分为两部分:项目、文件夹、文件等资源管理器和完成绝大部分操作的工作台。

9.2.3　ArchStudio 4 概述

1. 资源管理器

工作台的资源有 3 种基本类型:项目、文件夹和文件[①]。文件与文件系统中的文件类似.文件夹与文件系统中的目录类似,文件夹包含在项目或其他文件夹中,文件夹也可包含文件和其他文件夹;项目包含文件夹和文件。与文件夹相似,项目映射为文件系统的目录。创建项目时,系统会为项目在文件系统中指定一个存放位置。安装了 Eclipse 之后,在安装目录下会创建一个 workspace 文件夹,每当 Eclipse 新生成一个项目时,默认情况下会在 workspace 中产生和项目同名的文件夹,该文件夹将存放该项目所用到的全部文件可以使用 Windows 资源管理器直接访问或维护这些文件。

2. ArchStudio4 的工作台

ArchStudio 4 的工作台通过创建、管理和导航资源来支持无缝的工具集成,它可以被划分为 3 个模块:视图、编辑器、菜单和工具条。

(1)视图

打开 ArchStudio 4 的工作窗口发现有 4 个主要窗格,它们拥有特定的属性,代表了不同的视图。主要的视图有:导航器视图、大纲视图和 ArchStudio 4 视图。

①导航器视图如图 9-9 所示。导航器视图是系统资源的导航,以层次结构形象地显示了工程、文件夹、文件以及它们之间的关系。用户可以选择某个文档对其进行查看、编辑或管理等操作,同时也可以选择多个对象进行

---

① 覃征,邢剑宽,董金春.软件体系结构[M].北京:清华大学出版社,2008

集合操作。

图 9-9 导航器视图

②大纲视图如图 9-10 所示。大纲视图以树状结构显示了在导航器视图中被选择的系统的内容。该视图按体系结构实例、类型、架构、测试等内容对系统信息进行分类和管理。

图 9-10 大纲视图

图 9-11 ArchStudio 4 视图

③ArchStudio 4 视图如图 9-11 所示。深色背景的窗格显示的是 Arch-

Studio 4 视图。标签栏和显示区域将窗格分为两部分。标签栏将 6 种 ArchStudio 4 视图有效地集合在一起：ArchStudio 4 Laucher、File Tracker View、Archlight Issues、Archlight Notices、Tasks 和 File Manager View。显示区域将活动视图的具体内容和信息展示出来。

④ArchStudio 4 Launcher。此视图的主要任务是提供打开文档并激活相应的工具。它不执行任何编辑、运行或者检查工作，只是帮助文件导航到需要的操作环境中。任何对文档的操作都委托给编辑器。在窗口的右上角有 3 个快捷按钮，给用户操作提供了便利。第一个按钮上面有文档图标，用于创建一个新的体系结构描述文档；第二个按钮是链接 ISR 网站的快捷方式；第三个按钮是访问 ArchStudio 4 网站的快捷方式。左边 ArchStudio 4 图标下面排列了一组编辑器：ArchEdit、Archipelago、Archlight、Selector 和 Type Wrangler。有两种方式选用编辑器处理文档：用户可以将被处理的文档从导航器视图拖到相应的编辑器上，也可以先单击编辑器再选择要处理的文档。

⑤Archlight Issuses。ArchStudio 4 使用 Schematron 作为体系结构分析测试工具，测试的结果和相关信息将在 Archlight Issuses 视图中显示。ArchStudio 4 提供了 4 种处理错误的方式：selector dialog box、type Wrangler dialog box、ArchEdit view 和 Archipelago view。第三列显示了检查工具的名称。Schematron 支持定义 XML 格式的 xADL 文档的约束管理，运行时它将按其列筛选出错误。

⑥Archlight Notices。该视图记录了 Schematron 启动后的活动情况。每次启动系统时，Schematron 都会初始化，每执行一次校验也会有相应的信息被记录。

⑦Tasks。任务视图标记了系统生成的错误、警告和问题，当 ArchStudio 4 发生错误时会自动添加到任务视图中。通过任务视图，可以查看与特定文件及特定文件中的相关联的任务。用户可以新增任务并设置它们的优先级。视图将要执行的任务、所用的资源、路径和位置等信息简要地描述出来，它是管理系统任务简捷的方式。

（2）编辑器

①ArchEdit。ArchEdit 是语法驱动的编辑器，将体系结构用树状结构非代码的方式描述出来。系统遵循 xADL 模式并提供了建模框架。这些现成的建模元素被封装在模块中，对开发人员隐藏了具体的实现细节。虽然有固定的框架，但同时它也能灵活地支持新元素 ArchEdit 不关心元素的语义，只是按照 XML 模式建立行为和接口。因此当新模式加入或原有模式改变时它不须改变，即自动支持新模式。

②Archipelago。Archipelago 是语义驱动的编辑器,像 Rational Rose 一样可以用方框和箭头将信息描绘出来。与之不同的是,Archipelago 中的每一个图形元素都赋予了丰富的含义,元素和元素间的关系必须满足一些规范和约束,所有元素有机地组合形成一个整体。

Archipelago 编辑器提供了即点即到的操作方式,双击大纲视图中树状结构的节点,在右边的编辑器中就会以图形方式显示该元素。右击编辑器的空白处可以创建新的图形元素,也可以对选中的元素进行属性编辑和修改。窗格中的图形可以通过滚动条进行缩放。Archipelago 还可以与 ArchEdit 或其他编辑器结合使用。例如,用 Archipelago 描绘的体系结构可以用 ArchEdit 对其求精;ArchEdit 可以对某些 Archipelago 不能直接支持的模式元素进行操作;在 ArchEdit 中创建的元素都会在 Archipelago 编辑器中用图形形象地表示出来,其中的每个细微的修改都能马上在 ArchEdit 中反映出来。

③Archlight。Archlight 是 ArchStudio 4 的分析工具框架,提供了一个统一的用户界面,使用户可以选择测试体系结构的各种属性。所有的测试将以树状结构在大纲视图量显示出来,树的每个节点都代表了一个测试。由于体系结构和体系结构风格的多样性以及开发阶段的不同,有时并不需要对整个系统的所有细节进行检测。Archlight 提供了一种可供选择的局部测试机制,用户可以根据具体需要定制测试方案并限制范围。为支持这种机制的运行,系统提供了 3 种测试状态,用户只需选择不同的状态就可以方便地更改测试方案。

• 应用/可使用的测试:这种测试是可使用的,当测试应用到文档中时,用户希望文档通过测试。当所有的测试运行时,这种测试将对文档进行检测。

• 应用/不可使用的测试:这种测试是不可使用的,当测试应用到文档中时,用户也希望文档通过测试。但与第一种不同的是,只有该文档没有其他测试运行时,这种测试才会运行,而检测出来的问题直到测试被重新使能后才会报告。

• 不可应用的测试:这种测试不允许被应用到文档中。意味着用户不希望文档通过此测试,就算当别的测试都运行,这种测试也不会起作用。

测试是否有效取决于测试的工具和测试的状态,文档属于哪一种测试状态直接决定了测试的效果。每种测试工具都希望执行一个或多个测试,每个文档都存储了一系列应用和不可使用的测试。系统为每个测试分配了一个唯一的字符串标识符,用 UID 表示。由测试开发人员创建和管理的标识符对 Archlight 用户是不可见的。测试由标记符唯一标记,即使测试的名称、目的或者位置在树状结构中发生变化,标识符也不会改变。每个文档都存储了每次测试的标识符和测试的状态,如果出现了无效的测试、没有工具支持的测试或者标识符无法识别的测试,那么这些测试将被列入到未知测试中,并且不被执行。但是未知测试仍然与文档保持关联,除非把它们的测试状态改为不可应用的状态。

④Selector。选择器的全称是软件产品线选择器,首先介绍一下软件产品线的概念。软件产品线是一族相关的软件产品,它们的体系结构中有很多的部分是共享的,但各自又有特定的变异点。一个产品线中的各个产品可能是为不同地区定制化的,或者是因市场原因实现不同的特征集。而利用 Selector 可以在需要时把某个产品线体系结构简化成另一个小型产品线,或者从整个体系结构中抽取出一部分形成某具体产品的体系结构。

选择器提供了 3 种选择方式:Select、Prune 和 Version Prune,如图 9-16 所示。用户根据实际需求选择其中一种或多种方式执行。

ArchStudio 支持对体系结构版本的记录和选择。体系结构模型的各个版本者都可以在 ArchStudio 中打开并编辑,也可以通过提供 WebDAV 统一资源定位器给 ArchStudio 来实例化。体系结构模型在 ArchStudio 中由 xADL2.0 文件描述和记录。它的最新版本将被记录在树干目录中,旧版本被标记后存放到树枝目录中。同一时刻,工作台只允许一个体系结构的目录组织显示出来,而实际上,Subversion 的存储库可以为不同的系统保存多个体系结构。

⑤Type Wrangler。Type Wrangler 为考察体系结构类型提供了帮助和支持,方便用户分析体系结构中的所有类型。可利用它添加或移除接口和签名,并判断构件和连接件是否符合类型一致性要求。

(3)菜单栏和工具栏

除了视图和编辑器外,菜单栏、工具栏和其他快捷工具也给用户提供了操作便利。类似视图和编辑器,工作台的菜单栏和工具栏也会根据当前窗口的属性和任务发生变化。

菜单栏包含了集成开发环境中几乎所有的命令,它为用户提供了文档操作、安装脚本程序的编译、调试、窗口操作等一系列的功能。菜单栏位于工作台的顶部、标题的下面。

用户可以单击菜单或子菜单完成大部分操作。在菜单下是工具栏,由于工具栏比菜单操作更为便捷,故常常将一些常用菜单命令也同时安排在工具栏上。除了工作台的菜单栏和工具栏,某些视图和编辑器也有它们专用的菜单。菜单栏和工具栏为用户提供了一个方便且迅速的操作方法。

9.2.4 ArchStudio 4 的使用

本小节将介绍在开发过程中怎样有效地使用 Archstudio 4。通过对一个简单的电视机启动应用程序的分析和建模来讲解整个过程。首先必须明确系统的用户需求,然后分析系统体系结构,接着绘出系统构件和拓扑结构为系统建立模型,最后对模型进行校验。如果用户需要还可以对某些功能和属性进行扩展。

电视机驱动系统的基本需求如下。

①系统有两个调谐器程序:TV 调谐器和画中画调谐器,它们都有通信接口,经此传输所有信息和数据。

②系统有一个驱动红外接收探测器的驱动子系统,来拾取遥控器发出的信号。

③上面 3 个子系统之间的交互需要一个中间媒介,通过它可以使红外接收探测器同时给两个调谐器发送信号。

清楚了实际需求之后,开始分析系统的体系结构。选择适当的体系结构风格成为最重要的任务之一。由于该系统只涉及简单信息的发送和接收,用 C2 风格比较合适。C2 风格对系统元素的组建方式和行为有明确的限制和约束。此系统包括 TV 调谐器、画中画调谐器、红外接收器 3 个构件实例和一个 TV 连接器实例。按照 C2 风格的系统组织规则,每个构件和连接件都有一个限制交互方式的顶端和底端。构件的顶端应连接到某连接器的底端,构件的底端则应连接到某连接器的顶端,而构件与构件之间不允许直接连接;一个连接器可以和任意数目的构件和连接件连接。选择了体系结构风格后就可以利用 Archstudio 4 为系统建模了。首先要创建一个新的 Archstudio 工程,然后按照向导添加一个体系结构文档。下面是该过程的详细步骤:

①单击"File"→"New"命令,或者右击导航器视图,在弹出的快捷菜单中选择"Project"命令。

②在"New Project"对话框中选择 "General"双击弹出对话框,Project name 选项并为它命名,然后单击 Finish"按钮。

③单击"File"→"New"→"Other"命令,或者右击导航器视图,在弹出的快捷菜单中选择"ArchStudio Architecture Description"命令。

④在"New Architecture Description"对话框中选择相应的工程并给新文档命名,最后单击"Finish"按钮。

现在可以开始为系统体系结构建模了。用 ArchEdit 打开创建的新文件,发现大纲视图中有一个名为"XArch"的空文件夹。右击该文件夹可以看见系统提供了一些符合 XML 模式的建模符号。用户可以根据需要利用这些符号来描绘系统。设计 ArchTypes 时要考虑构件、连接件和接口三种类型。每种体系结构类型都有一个唯一的标识符、文字描述和一组签名。签名是定义的接口,两个相同类型的构件或连接件应该有相同的接口;构件和连接件的接口应该用相同的接口类型作为签名。此电视机系统中,三个构件实例分为两种类型:调谐器类型和红外接收器类型;将 TV 连接器定义为连接件类型;由于每个构件和连接件都有顶端和底端,所以必须将接口类型的顶端与底端区分开。设计 ArchStructures 时需要从多个角度来考察。Structure&TYPES 和 Instance 各有自己的 XML 模式,它们支持如下特性。

• 构件:每个构件都有唯一的标识符和简单的文字叙述,构件有自己的构件类型和接口,不同的构件可以共享同一种类型。

• 连接件:每个连接件也有唯一的标识符、文字描述、接口和自己的类型。

• 接口:在这两种模式中,接口有唯一的标识符、文字描述和特定的方向。

• 连接:在体系结构符号中,连接表示接口之间的关联,每个连接都有两个端点用于绑定接口。

• 子体系结构:构件和连接件都可以集成为一个复杂的整体,构件和连接件构建了内部联系并封装功能后成为一个功能独立的单元体。

• 通用集合:一组相似的体系结构描述元素的集合。在这两种模式中,一个集合没有任何语义,可以用扩展的模式来描述特定含义的集合。

用 TV 调谐器构件来说明如何设计 ArchStructures。构件建模需要考虑标识行、描述、接口、类型等属性。TV 调谐器属于调谐器类型;它的接口是底端接口:接口的签名必须与它的构件类型的签名一致。类型实例化是个极容易被忽视的步骤,只需将元素所属的类型绑定到具体的类型上即可。由于定义了构件和连接器类型,当类型的属性发生牵化时,该类型的所有实例都会自动更新。其余的体系结构元素都可以按照 TV 调谐器构件的设计方式操作。利用 ArchStudio 4 使复杂的设计变得简单,用户只需将设计思想利用 ArchStudio4 提供的框架实现即可。具体的实现可以依据下面的步骤完成:

①用 ArchEdit 打开文档,在大纲视图中,给根节点 XArch 添加第一层子节点,至少必须添加 ArchTypes 和 ArchStructures 两类属性。

②按照前面的分析,分别对 ArchStructure 和 ArchTypes 进行设计。

在 AichStructure 中设计 TV 调谐器、画中画调谐器、红外接收器、TV 连接器、TV 调谐器与 TV 连接器的连接、画中画调谐器与 TV 连接器的连接、红外接收器与 TV 连接器的连接。在 ArchTypes 进行类型设计,系统包括两种构件类型——调谐器与红外接收器类型,一种连接件类型——TV 连接器类型和一种接口类型——信道类型。

③为上面的元素添加必要的属性并设置元素之间的连接。连接只能关联方向兼容的接口,如输入和输出,不能是输入和输入或输出和输出。一旦用户确定了系统的拓扑结构,一个名为 RendingHints3 的文件夹就会自动生成,里面包含了所有有关联的元素的信息。

最后一个不可忽视的步骤是校验模型。该体系结构模型是否满足完整性、类型的一致性、接口的连接是否正确、两个元素是否有相同的标识等问题都需要校验。Archstudio 4 提供了一个有效的校验工具 Archlight。用 Archlight 打开文档,选择校验类型,完成任务后系统会给用户提供报告。用户根据报告中的信息可以快速定位和改正错误。此外,它还支持体系结构实时修改和动态载入。

一旦用户运行了校验程序,系统就会自动添加一个 ArchAnalysis 文件夹,其中的文档详细记录了所有校验信息和细节。模型通过校验后,用户就可以通过视图和编辑器研究它了。例如,利用 Archipelago 将系统以图形的形式显示出来;利用 Type Wrangler 对所有类型进行分析;利用 selector 选择体系结构的任何子集,甚至是最简单的构件和连接件。如果用户需要,还可以对该系统进行功能扩展。

参考文献

[1]陆阳. Eclipse RCP 与 Spring OSGi:技术详解与最佳实践[M]. 北京:机械工业出版社,2012.

[2]覃征,邢剑宽,董金春. 软件体系结构[M]. 北京:清华大学出版社,2008.

[3]王威,李辉. Eclipse RCP 技术内幕[M]. 北京:电子工业出版社,2012.

[4]周志明. 深入理解 Java 虚拟机[M]. 北京:机械工业出版社,2013.

[5]孙玉山. 软件设计模式与体系结构[M]. 北京:高等教育出版社,2013.

［6］王小刚，黎扬.软件体系结构［M］.北京：北京交通大学出版社，2014.

［7］赵满来.可视化 Java GUI 程序设计：基于 Eclipse VE 开发环境［M］.北京：清华大学出版社，2010.